机器学习之数学基础：
概率统计与算法应用

朱宁◎著

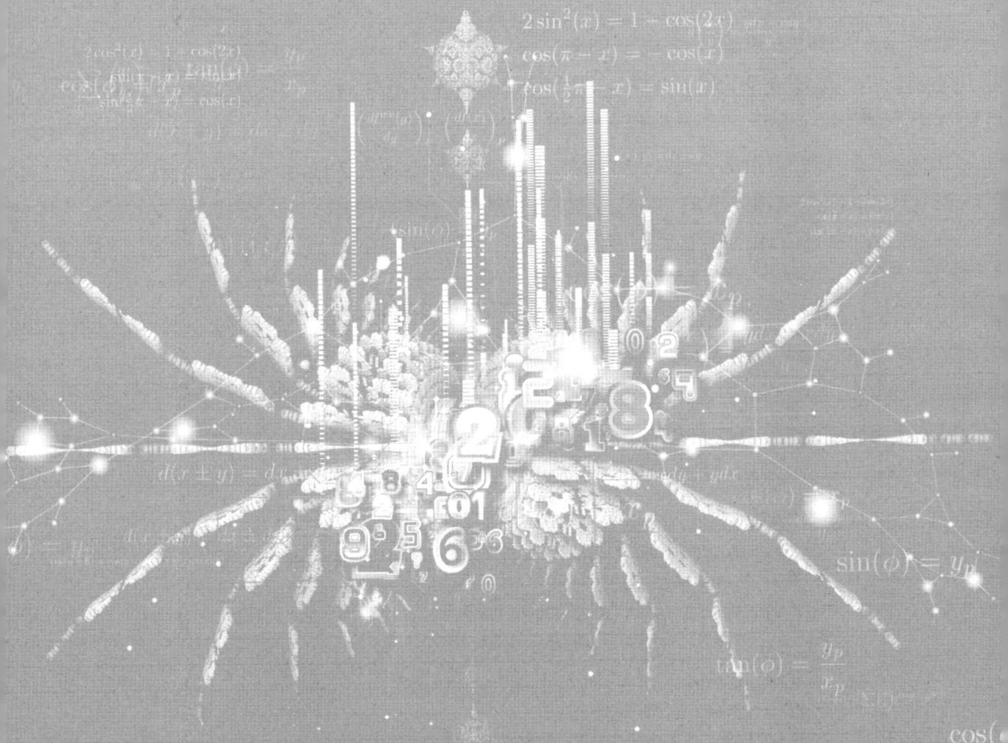

·北京·

内 容 提 要

本书先从概率论的基础讲起，然后逐步深入到概率论在机器学习中的应用，最后结合机器学习实战案例，重点介绍了概率论的概念及其在机器学习中的应用。通过本书读者不但可以系统地学习常见概率的相关知识，还能对机器学习开发有更深入的理解。

本书共 10 章，涵盖的主要内容：机器学习概述；为什么机器学习需要概率论；概率的定义；集合和事件；独立性；概率的性质；常见的计算概率方法；离散型和连续型概率分布；离散型和连续型概率分布的期望值、方差与标准差；几种常见的离散型和连续型概率分布；条件概率；联合概率；边缘概率；贝叶斯理论；随机过程简介；马尔可夫链；隐马尔可夫模型；高斯过程；常见的机器学习 Python 库；机器学习分类算法和回归算法简介；概率论在分类算法和回归算法中的应用；常见的分类算法和回归算法；强化学习简介；有趣的机器人游戏；GAN；图片风格转换。

本书内容通俗易懂，案例丰富，实用性强，不仅适合概率论的入门读者和进阶读者阅读，也适合机器学习从业者、人工智能算法专家等其他人工智能爱好者阅读。另外，本书也可以作为相关培训机构的教材。

图书在版编目（CIP）数据

机器学习之数学基础 ： 概率统计与算法应用 / 朱宁著. -- 北京 ： 中国水利水电出版社, 2024.6

ISBN 978-7-5226-2244-6

Ⅰ. ①机… Ⅱ. ①朱… Ⅲ. ①机器学习②概率统计 Ⅳ. ①TP181②O211

中国国家版本馆 CIP 数据核字(2024)第 021064 号

书　　名	机器学习之数学基础：概率统计与算法应用 JIQI XUEXI ZHI SHUXUE JICHU: GAILV TONGJI YU SUANFA YINGYONG
作　　者	朱　宁　著
出版发行	中国水利水电出版社 （北京市海淀区玉渊潭南路 1 号 D 座　100038） 网址：www.waterpub.com.cn E-mail：zhiboshangshu@163.com 电话：（010）62572966-2205/2266/2201（营销中心）
经　　售	北京科水图书销售有限公司 电话：（010）68545874、63202643 全国各地新华书店和相关出版物销售网点
排　　版	北京智博尚书文化传媒有限公司
印　　刷	北京富博印刷有限公司
规　　格	148mm×210mm　32 开本　8.125 印张　269 千字
版　　次	2024 年 6 月第 1 版　2024 年 6 月第 1 次印刷
印　　数	0001—3000 册
定　　价	69.80 元

前　言

概率论的重要性

概率论是机器学习最重要的数学概念之一，它与统计学和线性代数构成了机器学习算法的基础。在现实生活中，通常需要在信息不完整的情况下做出某些决策，因此需要一种量化机制——概率论。在传统算法中，程序处理的都是确定性问题，即解决方案不受不确定性的影响，而机器学习是通过概率对不确定性元素进行建模的。

机器学习存在三个主要的不确定性来源：有噪声的数据、不完整的问题和不完善的模型。幸运的是，可以使用概率论来解决不确定性。作为机器学习从业者，必须掌握概率论的相关知识。只有对概率有了充分的了解，才可以将原始观察结果转换为易于理解、消化和共享的信息，从而推进项目的发展和算法的迭代。

可以说，概率论是机器学习中的一条必经之路。

概率论的必要性

通常需要在信息不完整的情况下做出决策，这是世界的普遍运作方式。概率论属于数学领域，它提供了一整套工具，以数学的方式量化事件和推理的不确定性。

有关机器学习的大部分书籍和教程都要求读者有一定概率论的知识背景，并强调没有概率论的基础，很难深入理解机器学习。

近年来，随着各种强大的人工智能算法库的问世，人们通常可以将不同的机器学习算法应用于各种数据集。如果没有足够的概率论知识，则很难精通机器学习。例如，会遇到以下问题。

- 无法解释逻辑回归结果。
- 无法拆分和剪枝树模型。
- 无法选择合适的分类、回归算法。
- 无法判断网络结构和参数的调整方向。

因此，只有具备足够的概率论知识，才能避免以上问题。

众所周知，Python 语法简单易懂、生态完整，并且包含海量的算法库和数据模型。作为人工智能领域非常受欢迎的语言，Python 能够方便快捷整合各种各样的数据源，处理大量的数据。

随着机器学习库的逐渐完善，只需要编写少量代码即可完成各种常用的统计计算和机器学习模型。本书详细介绍了概率论的理论知识并配以丰富的实例，使用简洁易懂的 Python 算法，帮助读者进一步加深对机器学习的理解。

笔者衷心地希望，读者在读完本书后，能够发现概率论和机器学习的美，并能喜欢上这两门学科。当然，如果本书能对读者的工作或学习起到很好的帮助作用，就再好不过了。

本书特色

- **从零开始**：从概率论的基本概念开始讲解，详细介绍机器学习中的各种概率理论。
- **角度新颖**：从人工智能工程师的角度出发，带领读者重新认识有用且有趣的概率。
- **公式总结**：用简单的公式解释复杂的概率问题，帮助读者学习和记忆重点内容。
- **实用图表**：提供了丰富的图表，方便读者建立概率的直观印象。
- **实例丰富**：结合大量实例进行讲解，并使用 Python 代码验证。
- **经验总结**：全面归纳和整理作者多年的机器学习实践与培训经验。

本书主要内容

本书内容分为三大部分：第一部分是机器学习中的概率论；第二部分是概率论在机器学习中的应用；第三部分是机器学习实战。

第一部分主要介绍了机器学习中概率论的基本知识，讲述了机器学习的分类和历史，详细介绍了概率的基本概念，并阐述了离散型概率和连续型概率分布。由于机器学习的不确定性，该部分又讲解了贝叶斯理论和随机过程。

第二部分主要介绍了概率论与机器学习分类算法和回归算法的应用，进一步解释了为什么机器学习需要概率论，详细介绍了常用的几种算法，并使用 Python 实现这些算法。

第三部分进入到实战篇，通过机器人在冰湖上寻找宝藏和图片风格转换两个小游戏，讲解了从环境搭建、算法解析、架构介绍到具体实现的全过程，逐步带领读者完成有趣的机器学习实战。

由于作者水平有限，疏漏之处在所难免。若读者在阅读本书过程中遇到问题，请及时通过邮件与我们联系。我们的邮箱是 zhiboshangshu@163.com。

作者介绍

朱宁，中国工程物理研究院硕士，有多年的人工智能工作经验，先后担任华为人工智能算法工程师和微软资深算法工程师，在机器学习和深度学习方面有深厚的理论基础与丰富的实战经验。主要从事机器学习中图像分析、自然语言处理和强化学习的前沿算法研究工作，从 0 到 1 多次主导明星产品落地。工作期间，技术成果丰硕，曾经多次取得突破性技术成果并发表相关论文。

目　　录

第 1 章　机器学习概述

1956 年，人工智能（artificial intelligence，AI）首次在达特茅斯会议被提出和定义，距今已有半个多世纪的历史。人工智能的愿景是希望机器能像人类大脑一样，通过训练能够做出判断和决策，解决人类面临的问题，甚至最终超越人类。因此自人工智能被提出以来，便吸引了大量的学者和专家投入其中。随着时代的发展，人工智能经历了三次浪潮，具体的历史细节会在后面的章节中详述。根据人工智能的发展水平，可将人工智能分为以下三类。

- 弱人工智能：机器只能解决特定领域的特定任务。
- 强人工智能：机器能匹敌人类，跨领域解决各种复杂任务。
- 超人工智能：机器能够超越人类，完成人类无法完成的任务。

机器学习是人工智能中最重要也是发展最迅速的一部分。与传统的 rule-based 算法不同，机器学习通过对大量数据的训练，总结规律并更新参数，以自动完成任务。由此可见，数据是机器学习中非常重要的环节。根据数据和任务的不同，可以将机器学习分为监督学习、无监督学习和强化学习。值得提出的是，在监督学习中，随着近期硬件和 GPU 的飞速发展，深度学习得到了井喷式的发展。人工智能、机器学习和深度学习的关系示意图如图 1.1 所示。

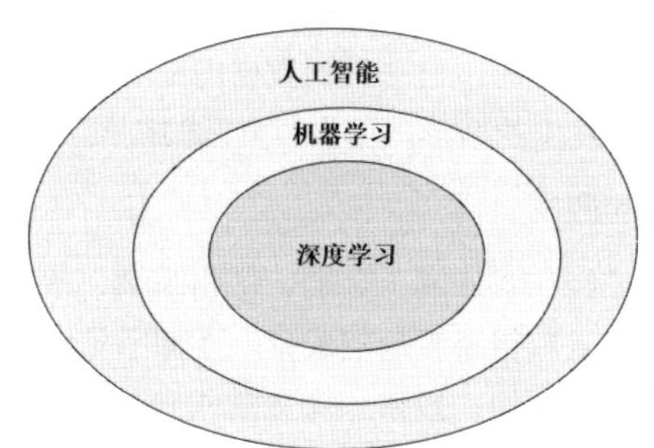

图 1.1　人工智能、机器学习和深度学习的关系示意图

本章主要涉及以下知识点。

- 机器学习简介：人工智能、机器学习和深度学习的定义，以及它们

之间的关系。

- 机器学习和人工智能的发展史：人工智能的三次浪潮和一些关键技术。
- 深度学习：深度学习的简介以及深度学习与机器学习的区别。
- 机器学习的基础——概率论：概率论和机器学习的关系。
- 常用的机器学习 Python 库：分类算法中常用的 Python SDK 库。

注意

根据现有技术的发展情况，应该说目前仍处在弱人工智能时代。

1.1 机器学习简介

毫无疑问，机器学习是人工智能中发展最迅速，同时也是最具有影响力的技术之一。随着越来越多的学者和工程师投身这一领域，机器学习发生了翻天覆地的变化，正不断给人们带来惊喜。但是从目前的情况来看，人类还远没有触及到机器学习的边界，这项技术未来有无限可能。本节将介绍机器学习的基本思想和包含的算法。

1. 机器学习的本质

机器学习的本质，是在庞大而又杂乱无章的数据中，寻求规律并总结出一套适配的逻辑。随着互联网的飞速发展，数据呈爆炸式增长，如果使用传统算法，通过既定逻辑或以往经验来规范数据，很难或者几乎不可能获取到有用的规律。而机器学习，正如它的名字一样，是机器吞吐海量数据后，通过不断的迭代学习，自动找到数据内部隐藏的有用逻辑，利用这些逻辑预测未来可能发生的情形，以执行复杂的决策。

2. 机器学习的应用

目前机器学习已经在互联网、金融、生物医学、游戏、自动化等众多领域中成功应用，并且取得了卓越的成就。不知不觉中，机器学习已经渗透到生活的方方面面。例如，搜索一篇文章或一个数据时，机器学习会优化搜索引擎的推荐排序；在网上购物或观看短视频时，机器学习会分析并迎合用户的喜好；人们在打车回家时，机器学习会统筹安排距离最近的司机来接单。除了应用于生活的方方面面，机器学习也服务于高尖端行业，如太空侦测、无人驾驶等。

3. 机器学习取得成就的原因

机器学习之所以能取得如此大的成绩，是它和传统的 rule-based 算法有本质区别。传统的算法工程师，需要先对问题建模并构建特定算法，然后创造规则再筛选数据，最后得到答案。而机器学习则反其道而行之，它是一个循序渐进的过程，并且不会构建特定的规则，而是先建立一个比较泛型的算法，然后尝试不同的规则，对规则的表现打分，通过优胜劣汰不断学习、筛选规则，最后建立自己的逻辑和与之对应的参数。

4. 机器学习算法分类

根据任务性质和数据的不同，机器学习可以分为监督学习、非监督学习和强化学习。虽然这三种类型的机器学习表现不一，但本质仍然是对数据提取特征并总结规律。这三种机器学习中，监督学习发展得最为成熟，虽然无监督学习和强化学习很早就被提出，但因硬件无法提供更好的支持而发展受限。随着分布式计算的飞速迭代，无监督学习和强化学习也得到了长足的发展。机器学习算法分类如图 1.2 所示，需要特别指出的是，深度学习作为机器学习中的典型代表，已经涵盖了监督学习、非监督学习和强化学习算法。

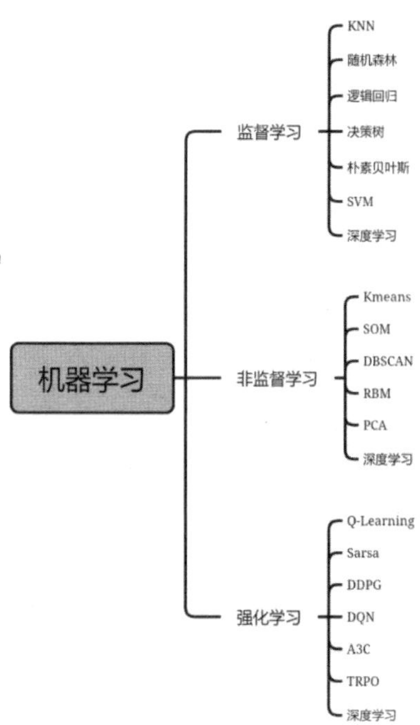

图 1.2　机器学习算法分类

5. 机器学习的局限性

正如前文所述，目前正处于弱人工智能时代，所以暂时还没有一种算法能够很好地完成所有的任务。即使在单独的一类学习中（如强化学习），也没有一种算法在所有的场景任务中都能表现得特别好。找到这一类通用算法，是所有人工智能工程师的一大愿望。因此，在大家的共同努力下，正有大量的“定制化”机器学习算法不断涌出，从而解决各自不同特性的问题。

1.1.1 监督学习

监督学习最大的特点是输入数据带有标签。模型通过学习已有的数据和标签对，提取特征并总结规律，从而预测新数据的标签。因此，在监督学习的过程中，有很多值得注意的地方。例如，输入的数据和标签对一定要正确，否则会直接导致模型的学习方向出现错误；在学习的过程中，要尽可能地泛化，否则就只能识别到已知数据类似的知识。根据任务种类的不同，可以将监督学习分为分类和回归两类。

1. 分类

分类通过制订规则，将一堆线性可分离的数据点分为多种类别。例如，现在有一些猫和狗的图片，机器学习通过已有的数据和标签得到规律后，判断下一张输入的图片是猫还是狗，这就是最为经典的分类问题。

2. 回归

回归是监督学习的另一种表现形式。回归与分类最大的不同在于，分类最终输出的是一个种类（如猫或狗分类），如图 1.3 所示，而回归输出的是一个数值。例如，通过对大气云层的检测预测明天的温度，这就需要输出具体的温度。对于这种输出具体数值的问题，往往需要监督学习中的回归来解决。

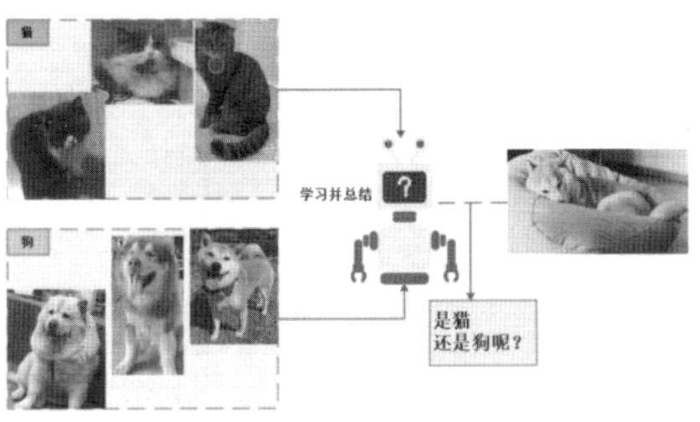

图 1.3　监督学习猫、狗分类

当然，监督学习不仅能完成简单的分类问题（如垃圾邮件分类）或回归问题（如预测股价波动），还能扩展到更为复杂的任务，如物体检测、语音识别、聊天机器人等。

1.1.2　无监督学习

从名字中就可以看出，无监督学习和监督学习既有相同之处，又有不同之处。相同之处是它们都需要输入数据，不同之处是无监督学习的数据并不带标签。无监督学习可能比有监督学习更难，因为取消监督意味着问题变得不那么明确。由于没有数据标签的指引，无监督学习的模型只能通过数据本身来寻找相似性和差异性，才能总结出样本的分布规律。因此，无监督学习不能像监督学习那样，通过准确率和精准率来判断模型的好坏，也无法给出比较量化的评估标准。

通过无监督学习的“自学”模式，机器从零开始自行摸索，虽然前期比较困难，但是这样带来了一个好处：模型并不会引入标签带来的偏见。因此，有时无监督学习的模型甚至可能找到一个全新的、更好的解决问题的方法。很多时候，无监督学习用来发现新的规律，这使其在数据分析中非常有用。

无监督学习主要用于合分聚类，如图 1.4 所示，也就是创建具有不同特征的群体，并试图在一个数据集中找到各种子群，然后在关联学习中发掘出各自数据的规则，检测出异常值并降维分析数据。

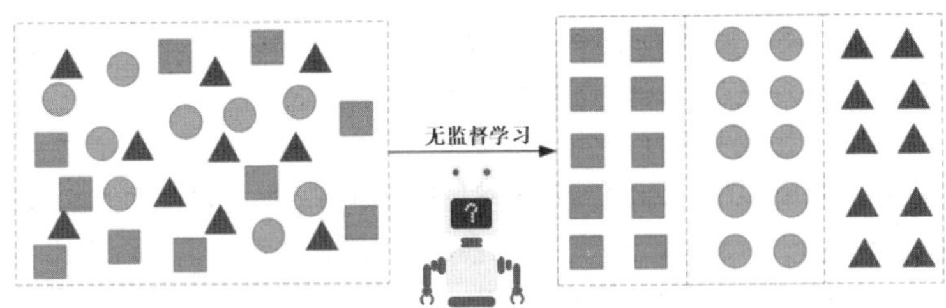

图 1.4　聚合分类

1.1.3　强化学习

强化学习最具特色的部分，就是摆脱了训练数据集，而利用智能体直接在有噪声的环境中去交互学习，这与人类学习的方式非常相似。人们在学习新知识时：当做对的事情时，人们会从周围的环境中获得积极的反馈，会使人们感觉舒适并想继续做对的事情；当做错事时，会从周围的环境中得到消极的反馈，这也会促使人们在后续的行为中少犯错误。如图 1.5 所示，强化学习不需要像监督学习那样，不断地通过标签来监督规则的生成，只需在环境的互动中，给予一些行为正向或负向的信号就可以有效地学习了。因此，强化学习被认为是最接近人类学习的算法。

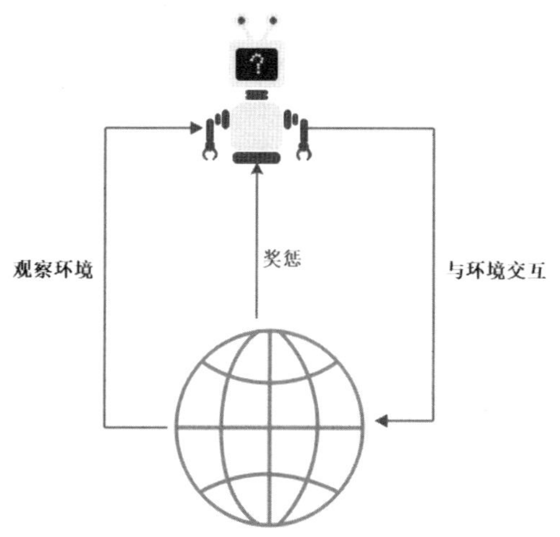

图 1.5　强化学习

由于游戏天生具有建立丰富多样的环境以及方便获取环境反馈这两大优势，因此强化学习在游戏中的应用非常多。游戏中的分数可以作为奖惩信号，用户训练机器人的行为，为了加快训练，甚至可以建立多个模拟器，让机器人在平行宇宙中同时训练并相互分享经验。

强化学习在现实生活中的应用暂时并不多，但是随着科技的发展，如果能够将需要解决的问题归纳为环境与机器交互，并构建合理的奖惩机制，强化学习也能大放异彩。例如，近几年非常流行的机器人在围棋比赛中战胜围棋大师的例子就是强化学习的应用。

说明

还有一种介于监督学习和无监督学习之间的机器学习方法，称为半监督学习，它通过将少量标记好的数据和大量无标签的数据混合并输入机器中，为机器学习提供了更大的灵活性，同时也为机器学习开辟了更多解决问题的空间。虽然半监督学习没有被正式定义为第四类机器学习，但普遍被认为是人工智能的未来。

1.2 机器学习和人工智能的发展史

人工智能的发展经历了三次浪潮，分别为逻辑推理时代、专家系统时代以及机器学习和深度学习时代，如图 1.6 所示。下面跟着时间线来回顾这段历史。

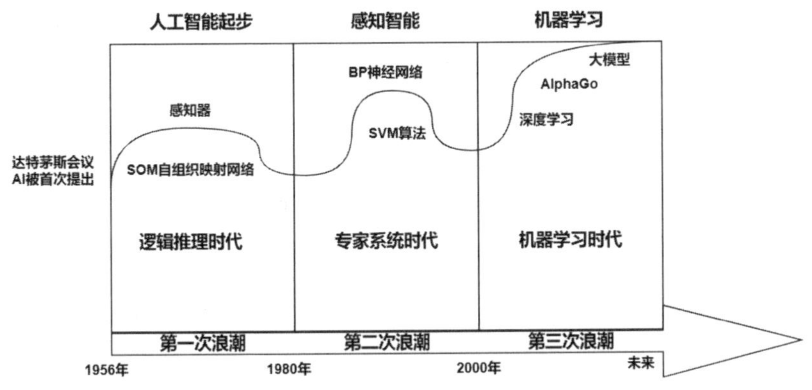

图 1.6　人工智能发展史

1.2.1 逻辑推理时代

- 1943 年，沃尔特·皮茨和沃伦·麦卡洛克在科学论文《神经活动中内在思想的逻辑计算》中提出了神经网络的第一个数学模型。
- 1949 年，唐纳德·赫伯的《行为的组织》一书出版。该书提出了关于行为如何与神经网络和大脑活动相关的理论，并成为机器学习发展的不朽支柱之一。
- 1950 年，阿兰·图灵创造了图灵测试，以确定一台计算机是否具有真正的智能。为了通过测试，计算机必须能够欺骗人类，使其相信自己也是人类。阿兰·图灵在曼彻斯特大学工作时，在他的论文《计算机械与智能》中首次提出"机器能思考吗？"这个问题。
- 美国人工智能和计算机游戏领域的先驱阿瑟·塞缪尔于 1952 年写出了第一个计算机学习程序。该程序是跳棋游戏，IBM 的计算机在游戏中越玩越好，研究哪些行为会构成获胜的策略，并将这些行为纳入其程序。

- 1957 年，人们见证了弗兰克·罗森布拉特设计的第一个计算机神经网络，并称之为感知器。它成功地刺激了人脑的思维过程。这就是今天的神经网络的起源。
- 1967 年，近邻算法首次问世，它使计算机能够开始使用基本的模式识别。这个算法可以用来为一个旅行推销员绘制路线，从一个随机的城市开始，并确保推销员在最短的时间内经过所有需要经过的城市。

逻辑推理时代是人工智能的起步阶段，人工智能赋予了机器逻辑推理的能力，人们对人工智能的未来充满希望，因此迎来了人工智能的第一次浪潮。同时在这一时期，自然语言处理也有了初步雏形。但因受当时计算机算力所限，外加人工智能的高额投入却又看不到回报，人工智能进入了第一个寒冬。

1.2.2 专家系统时代

所谓专家系统，是指用特定的规则来回答特定领域内的问题的程序系统。

- 1979 年，斯坦福大学的学生们发明了“斯坦福车”，它可以自己在房间中穿梭障碍。
- 1981 年，杰拉尔德·德容（Gerald Dejong）提出了“基于解释的学习”（explanation based learning，EBL）的概念，即通过计算机分析训练数据，并通过放弃不重要的数据来创建一套它可以理解的一般规则。
- 20 世纪 90 年代，机器学习的工作方法由知识驱动转变为数据驱动。科学家们开始为计算机创建程序，以分析大量的数据并从结果中得出结论或进行“学习”。
- 1985 年，弗朗西斯·克里克发明了 NetTalk，这是一个通过将显示文本作为输入并匹配语音转录进行比较来学习书面英语文本发音的程序。
- 1986 年，David Rumelhart 和 James McClelland 出版了《平行分布式处理》，推动了机器学习中神经网络模型的使用。
- 1992 年，研究人员杰拉尔德·特索罗创造了一个基于人工神经网络（Artificial Neural Network，ANN）的程序，该程序能够玩双陆棋，其能力与人类顶级棋手相当。

- 1997 年，IBM 的“深蓝”击败了国际象棋的世界冠军，震惊了全世界。
- 1990 年，DARPA 的失败将人工智能带入了第二次低谷，但是反向传播算法的出现，也为后面深度学习时代奠定了基础。
- 专家系统能够通过吸收专业知识来回答专业问题，但是同时也暴露了其严重的弊端：过度依赖知识库，只能局限在特定领域，难以拓展。

1.2.3 机器学习和深度学习时代

随着计算机硬件的更新换代，计算机算力在以惊人的速度发展，这犹如一支强有力的催化剂，打破了之前对人工智能的种种桎梏，使人工智能迎来了第三次浪潮。

- 2006 年，“深度学习”一词由 Geoffrey Hinton 提出。他用这个词来解释一种全新的算法，使计算机能够看到并区分图像或视频中的物体或文本。
- 2010 年，微软的动作感应输入设备 Kinect 问世，它可以以每秒 30 次的速度追踪多达约 20 个人类的特征并允许用户通过动作和手势与机器互动。
- 2011 年，IBM 的 Watson 成功地在 Jeopardy 游戏中击败了人类对手。此外，谷歌开发的谷歌大脑配备了一个深度神经网络，可以学习发现和分类物体。
- 2012 年，Alex Krizhevsky、Geoffrey Hinton 和 Ilya Sutskever 发表了一篇有影响力的研究论文，论文中描述了一个能够大幅降低图像识别系统错误率的模型 AlexNet，该论文直接掀起了图像领域的滔天巨浪。同时，谷歌的 X 实验室开发了一种机器学习算法，能够自主地浏览 YouTube 视频，以识别包含猫的视频。
- 2014 年，Facebook 开发了一种软件算法（DeepFace），它可以识别和验证照片上的个人，准确度达到了人类的水平。
- 2015 年，AWS（亚马逊云科技）的 Andy Jassy 推出了机器学习管理服务，通过分析用户的历史数据，寻找模式并部署预测模型。同年，微软创建了分布式机器学习工具包，使机器学习问题可以在多台计算机上高效分布。
- 2016 年，强化学习的突破，使人类对人工智能空前狂热。围棋被认为是世界上最复杂的棋盘游戏。谷歌 DeepMind 团队的研究人员创造了 AlphaGo，其在与世界上顶级的围棋选手李世石的五场比赛中赢了 4 场。随后 AlphaGo 的改进版本横扫各大围棋比赛。

- 2017 年，卡内基·梅隆大学的研究人员创造了一个名为 Libratus 的系统，经过 20 天的比赛，它在无上限德州扑克中击败了 4 个顶级玩家。阿尔伯塔大学的研究人员也报告了他们设计的系统 Deepstack 的类似成功案例。
- 2020 年，OpenAI 宣布了一种突破性的自然语言处理算法 GPT-3，该算法具有在得到提示时生成类似人类文本的非凡能力。今天，GPT-3 被认为是世界上最大和最先进的语言模型，在微软 Azure 的人工智能超级计算机中使用 1750 亿个参数进行训练，人类进入大模型时代。
- 2021 年，OpenAI 发布图像匹配文本 CLIP 和文本生成图像 DALL-E，能够直接通过文本生成图片；谷歌大脑推出首个万亿级模型 Switch Transformer，打破了 GPT3 作为人工智能模型的领先地位，参数首次达到万亿。

人工智能与多个场景结合，使很多行业有了新的可能，同时也促进了人工智能的发展。例如，在生物和医学领域，AlphaFold2 模型帮助解决了蛋白质结构预测难题，并且预测了人类 98%以上的蛋白质组合，脑机结合的研究也异常火热。相信随着这次浪潮的推进，人类终将突破弱人工智能，迈入强人工智能时代。

1.3 深度学习

在人工智能的第三次浪潮中，深度学习有着举足轻重的作用，同时深度学习又遍布到监督学习、非监督学习和强化学习的三大领域。

深度学习是机器学习的一个分支，它完全基于人工神经网络。因此，深度学习并不需要像机器学习那样，先经过一层特征提取，而是直接将数据输入神经网络，由神经网络自己提取需要的特征再做决策。这一主要区别，也使输入深度学习能够支撑更多、更复杂的场景。机器学习和深度学习的主要差异见表 1.1。

表 1.1 机器学习和深度学习的主要差异

机器学习特性	深度学习特性
需要预先特征提取	不需要特征提取
在小数据集上准确率较高	在大数据集上准确率较高
对算力要求不高	通常需要大量的算力
将任务分为多个子任务，单独解决，最后合并输出结果	直接端到端解决问题
训练时间较短	通常需要很长的训练时间

在深度学习中，实际上是对人类神经网络的一个模仿，因此不需要明确地对某一个任务进行编程，只需准备数据和构建网络结构，然后让它自行迭代训练即可。其实深度学习的概念并不陌生，在机器学习成立之初，就已经被人提出。但是由于早期人们没有那么大量的数据，也没有足够的计算机算力能够支撑处理数据，因此深度学习一直被雪藏。但是在过去的20 年里，随着计算机硬件处理数据的能力呈指数级增长，深度学习和机器学习也随之火热起来。

在人类的大脑中，大约有 1000 亿个神经元，每个神经元都是通过其邻近的数千个神经元连接的。神经元是大脑中的基本单元，它将接收来自外部世界的感觉输入，并将其转化为对行动有用的电信号。数百万个神经元将相互作用，产生有用信息的电脉冲。如图 1.7 所示，在深度学习中，人们通过模拟这一结构，创建了一个包含节点和神经元的人工结构，称为人工神经网络。在人工神经网络中，有一些用于输入的神经元和一些用于输出的神经元，在这两者之间，可能有很多神经元在隐藏层中相互连接。

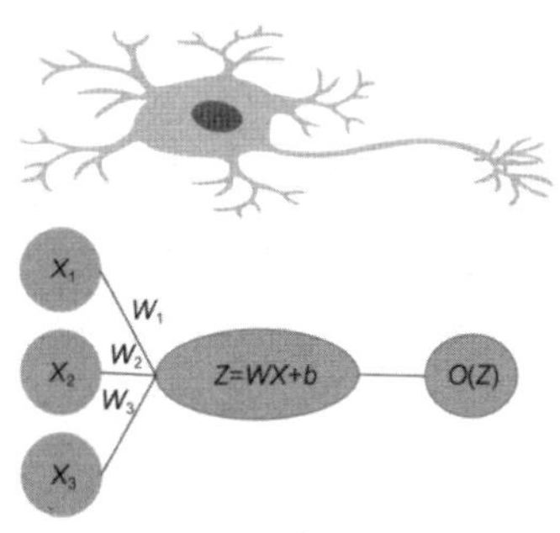

图 1.7 人类神经元和机器学习神经元

在人工神经网络中，首先初始化每个神经元的初始化权重和数值，通过激活函数传递后，由中间层的神经元最终传递到输出层，完成一次前向传播；再将输出层的结果和目标结果比较，算出误差后，反向传递到初始的神经元，所有链路上的神经元都根据梯度信号更新参数，这就完成了一次反向传播。如此往复，前向和反向传播的交替进行，最终使人工神经网络拟合成功，输出层的结果和目标结果越来越接近，也就实现了人工神经网络的训练过程。

与浅层的人工神经网络一样，深度神经网络与浅层的人工神经网络（ANN）相似，都是一种神经网络结构，不同之处在于深度神经网络拥有多个隐藏层，如图 1.8 所示。在每个隐藏层中，神经元之间相互连接，每个连接都具有一个相关的权重属性，这个权重属性用来调节神经元的激活对其连接到的其他神经元的影响程度。深度学习的训练过程通常包含多个隐藏层，因此被称为“深度”学习，而这种深度结构也赋予了深度学习的有效性。使用多少隐藏层取决于特定问题的性质和可用数据集的规模。

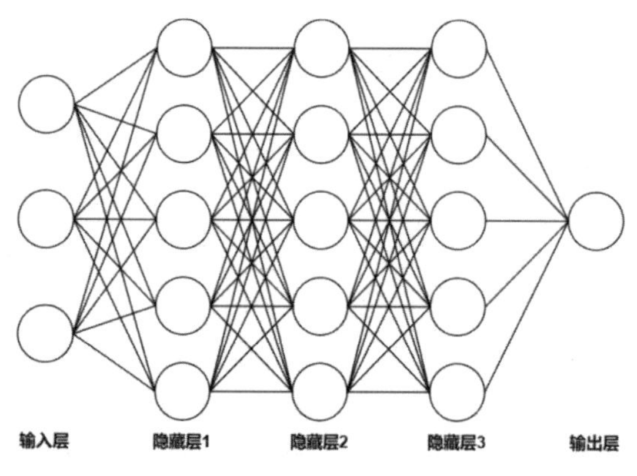

图 1.8　深度人工神经网络

深度学习几乎在所有的领域都有应用。例如，在医疗领域，配合强大的 GPU 和大量的医疗数据的深度学习可以利用图像识别，从核磁共振成像和 X 射线中检测癌症，其判断准确性已经超过人类的水平。同时，深度学习在药物发现、临床试验匹配和基因组学等其他医疗领域也取得了显著的成就。在自动驾驶领域，通过标识行人和路面数据，在大量人类驾驶数据的加持下，很多汽车厂商已经利用深度学习实现了 L3 级别的自动驾驶。在电商领域，产品推荐一直是深度学习最受欢迎和最有利的应用之一。有了更加个性化和准确的推荐，客户能够轻松地选购他们正在寻找的商品，并能够查看他们可以选择的所有选项。另外，如股票预测、天气预测、语音识别、机器翻译等也是深度学习应用的热门领域。可以说，深度学习正在影响着人们生活的方方面面。

1.4 机器学习基础——概率论

机器学习是数据科学的一个分支，现在正广受关注，因此很多人决定投身到这一行业。但是，如果没有正确的指引或深厚的数学基础，即使从其他地方获取模型，也很难训练出适用的算法。机器学习通常需要统计学知识，也就是概率论来辅助完成。因为只有对概率论有一定的了解，才可以将原始观察到的数据结果，转化为易于理解的信息，从而能够创建真正有用的机器学习模型。

1. 概率论和机器学习

概率论作为数学的一个分支，是统计学的基础，包括数据的收集、组织、分析、解释和展示。从广义上来说，就是将原始数据转换成可操作或者人们所熟知的数据格式。而机器学习是构建数学和计算机领域的桥梁，是基于线性代数和矩阵运算，用概率和统计算法来描述不确定事件与处理随机量的工具。因此，从数学的角度来看，概率论是机器学习的基本学科，很多机器学习算法是对概率论的拓展或者直接使用了概率论。例如，模式识别中最经典的理论是贝叶斯，而贝叶斯是概率论的重要内容。

2. 两个研究领域的交叉

机器学习和概率论这两个研究领域高度交织在一起，以至于一些统计学家将机器学习称为应用统计学。如果没有足够的统计学知识，在机器学习训练的过程中会发现无法解释逻辑回归的结果；当模型表现不佳时，无法判断是数据出现统计偏差，还是没有对预测因子进行归一化处理；当训练树模型时，无法确定合适的分割标准。以上这些都是机器学习中常见的问题，因此需要具备一定的统计学知识来避免这些问题，从而可以节约时间。

3. 学会概率论能更好地理解机器学习

原始的样本和标签只是单纯的数据，本身并不包含足够多的信息或知识的碎片。对于每个数据集，可以通过观察了解数据的整体分布特性，大致了解可能哪些特征对标签的影响比较大，哪些特征对标签的影响比较小。例如，判断第二天的天气，前几天的天气数据对第二天的天气情况影响会很大。可以通过概率论的知识筛选出比较有用的信息，这样既可以减少计算量，又能促进机器学习模型往正确的方向发展。

随着技术的进步，各种封装好的框架层出不穷，作为机器学习的用户往往不需要考虑底层的细节，只需要在现有框架的基础上堆叠模型即可。但是学会了概率论，可以让开发者如虎添翼，知其然更知其所以然，遇到棘手问题时，可以从容不迫地解决。

1.5 常用的机器学习 Python 库

近几年人工智能得到了快速的发展，人工智能、机器学习和深度学习异常火热，而在众多编程语言中，Python 因其用户界面友好、管理方便等优点，备受人工智能算法工程师青睐。在学术界和工业界的共同努力下，涌现出了很多非常优秀的 Python SDK 库。本节将列举在人工智能中经常用到的且关注度比较高的 Python 库及其示例，以方便读者快速上手。

1.5.1 NumPy

NumPy（Numeric Python）是 Python 的一个开源的数值计算扩展。该工具可用于存储和操作大型矩阵，比 Python 自己的嵌套列表结构（也可用于表示矩阵）更有效率，支持大量的维数组和矩阵操作，还提供了一个大型的数组操作数学函数库。NumPy 图标如图 1.9 所示。

图 1.9 NumPy 图标

NumPy 主要用于数组计算，该 SDK 库支持 N 维数组（Ndarray）和 Broadcast 机制，并且内置了随机数、线性代数等基本函数。

下面用一段简短的代码来测试 NumPy 的 Ndarray 和 Python 原生态数组的计算速度。示例代码如下。

代码 1.1 比较 NumPy 和原生态 Python：Compare_Numpy_and_Pure_Python.py

```
import numpy as np
import time
import random
```

```
def Compare_Numpy_and_Pure_Python():
    pure_python_list = []
    start_time = time.time()
    for i in range(10000000):
        pure_python_list.append(random.random())
    end_time = time.time()
    print("Pure Python 列表的运行时间:{:.2f} s".format(end_time-
start_time))

    start_time = time.time()
    ndarray_list = np.array(pure_python_list)
    end_time = time.time()
    print("Numpy Ndarray 列表的运行时间:{:.2f} s".format(end_time-
start_time))
```

程序运行结果为：

```
Pure Python 列表的运行时间:1.39 s
Numpy Ndarray 列表的运行时间:0.30 s
```

从以上代码可以看出，NumPy 对于数组的运算速度要比原生态的 Python 快得多，并且随着数组维度和数据量的增大，这种差距会更明显。

1.5.2 pandas

pandas（python data analysis library）是基于 NumPy 开发的工具包，主要用来解决数据分析相关的问题。pandas 集成了大量的库和数据模型，并且提供了高效处理大型数据集所需的相关工具。pandas 适用于处理时间序列数据、表格类数据（如 Excel 和 SQL）、带标签的矩阵数据以及各种观测数据。pandas 图标如图 1.10 所示。

图 1.10　pandas 图标

可以使用 pandas 来模拟一周内股票的波动，并算出一周内的综合收益和某一天的最大收益率。示例代码如下。

代码 1.2　pandas 示例代码：Demo_for_Pandas.py

```
import pandas as pd
import numpy as np
```

```
def Demo_for_Pandas():
    #创建 5 只股票，并记录它们一周的盈亏
    stock_change = np.random.normal(loc=0, scale=1, size=(5, 5))
    #添加行索引
    stock = ["股票{}".format(i) for i in range(1, 6)]
    #添加列索引
    date = pd.date_range(start="20220101", periods=5, freq="B")
    df = pd.DataFrame(stock_change, index=stock, columns=date)
    pd.set_option('display.max_columns', 1000)
    print("股票详情：")
    print(df)
    print("+"*66)
    #计算每只股票这一周的综合收益和最大收益
    df["Sum"] = df.apply(lambda x: sum(x), axis=1)
    df["Max"] = df.apply(lambda x: max(x), axis=1)
    df = df.loc[:, ['Sum', 'Max']]
    print(df)
```

模拟的输出结果为：

```
股票详情：
   2022-01-03  2022-01-04  2022-01-05  2022-01-06  2022-01-07
股票1   1.314992    1.353898    0.366784    0.880439    0.142427
股票2  -1.305478   -0.440838    0.434987    0.736868    2.256769
股票3  -1.395273   -0.694800    0.675604   -0.723222    0.991375
股票4  -0.369425   -0.685195    0.719895    1.399719   -2.360017
股票5   0.416711   -1.937381   -1.071683   -1.904514    0.098657
++++++++++++++++++++++++++++++++++++++++++++++++++++++++++++++++++
         Sum       Max
股票1  4.058540  4.058540
股票2  1.682309  2.256769
股票3 -1.146317  0.991375
股票4 -1.295022  1.399719
股票5 -4.398210  0.416711
```

1.5.3 matplotlib

matplotlib 是一个综合库，可用于在 Python 中创建静态、动画和交互式可视化界面。matplotlib 让简单的事情变得简单，让困难的事情变得可能。可以使用 matplotlib 来创建出版物质量的图表，制作可以缩放、平移、更新的交互式图表，自定义视觉风格和布局，同时支持导出到许多文件格式和嵌入到 JupyterLab 的图形用户界面中。matplotlib 图标如图 1.11 所示。

图 1.11　matplotlib 图标

matplotlib 是经常用来作图的第三方 Python 软件包。下面用一个例子来展示使用这个库绘制直线图、曲线图、点图和柱状图。示例代码如下。

代码 1.3　matplotlib 示例代码：Demo_for_Matplotlib.py

```
import matplotlib.pyplot as plt
import numpy as np

def Demo_for_Matplotlib():
    plt.rcParams['font.sans-serif'] = ['SimHei']
    #第 1 张图
    x = np.array([0, 10])
    y = np.array([0, 100])
    plt.subplot(2, 2, 1)
    plt.plot(x, y)
    plt.title("第 1 张图")

    #第 2 张图
    x = np.linspace(0, 2*np.pi, 100)
    y = np.sin(x)
    plt.subplot(2, 2, 2)
    plt.plot(x, y)
    plt.title("第 2 张图")

    #第 3 张图
    plt.subplots_adjust(hspace=0.5)
    plt.subplot(2,2,3)
    x = range(100)
    y1 = [np.random.uniform(50, 100) for i in x]
    y2 = [np.random.uniform(5, 50) for i in x]
    plt.scatter(x, y1)
    plt.scatter(x, y2)
    plt.title('第 3 张图')

    #第 4 张图
    plt.subplot(2, 2, 4)
    x = np.random.normal(size=100)
```

```
plt.hist(x, bins=30)
plt.title("第 4 张图")

plt.suptitle("matplotlib 多图展示")
plt.show()
```

绘制的图片如图 1.12 所示。

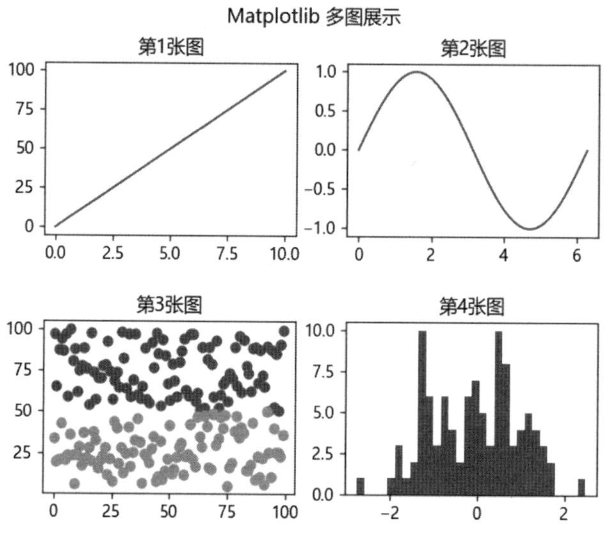

图 1.12　使用 matplotlib 绘制的图片

1.5.4　PyTorch

PyTorch 是由 Facebook 公司开发并推出的机器学习开源库，其底层架构为 Torch，后与 Python 进行了重构。因为 PyTorch 具有支持动态图、灵活转换 NumPy、自动计算梯度、上手快、调试（debug）方便，编程语言友好及社区活跃等一系列优点，广受人工智能工程师的喜爱。PyTorch 图标如图 1.13 所示。

PyTorch

图 1.13　PyTorch 图标

下面用一段简单的代码，将 PyTorch 的 Tensor 和 NumPy 的 Ndarray 相互转换。示例代码如下。

代码 1.4　PyTorch 示例代码：Demo_for_Pytorch.py

```
import torch
import numpy as np

def Convert_Pytorch_Numpy_to_each_other():
    #初始 Numpy Ndarray
    np_data = np.array([1, 2, 3, 4])
    print("初始数据格式是：{}".format(type(np_data)))
    print("初始数值为：{}".format(np_data))
    #NumPy 转为 PyTorch
    covert_to_torch = torch.from_numpy(np_data)
    print("转换为Tensor数据格式是:{}".format(type(covert_ to_torch)))
    print("转换后的数值为：{}".format(covert_to_torch))
    #再转回 NumPy
    back_to_numpy = covert_to_torch.numpy()
    print("转回 Numpy 的数据格式是：{}".format(type(back_ to_numpy)))
    print("转回 Numpy 后的数值为：{}".format(back_to_numpy))
    #改变初始值
    np_data[2] = 10
    print("改变后，初始 Numpy 数组为：{}".format(np_data))
    print("转换为 Torch 后的数值为：{}".format(covert_to_torch))
    print("再转回 Numpy 后的数值为：{}".format(back_to_numpy))
```

以上代码的输出结果为：

```
初始数据格式是：<class 'numpy.ndarray'>
初始数值为：[1 2 3 4]
转换为 Tensor 数据格式是：<class 'torch.Tensor'>
转换后的数值为：tensor ([1, 2, 3, 4], dtype=torch.int32)
转回 Numpy 的数据格式是：<class 'numpy.ndarray'>
转回 Numpy 后的数值为：[1 2 3 4]
改变后，初始 Numpy 数组为：[1 2 10 4]
转换为 Torch 后的数值为：tensor ([1, 2, 10, 4], dtype=torch.int32)
再转回 Numpy 后的数值为：[1 2 10 4]
```

从输出结果中可以看出，PyTorch 和 NumPy 可以非常灵活地相互转换。

1.5.5　TensorFlow

TensorFlow 是可以和 PyTorch 并驾齐驱的另一大主流人工智能框架，它由 Google Brain 提出，并已广泛应用于学术界和商业界，它的前身是 DistBlief。与 PyTorch 不同，TensorFlow 采用的是静态图，使其可以优化推理过程。TensorFlow 作为一个成熟的深度学习库有很多优点，如具有强大的可视化功能；便捷高效可扩展，大到计算机集群，小到单个手机，都可以生成训练；同时也有强大的社区和企业支持。TensorFlow 图标如图 1.14 所示。

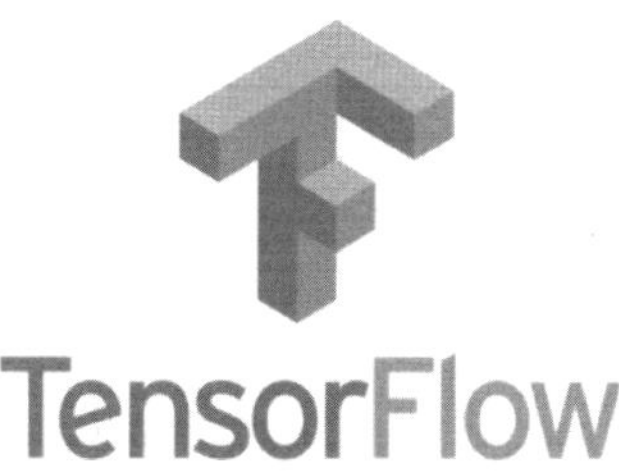

图 1.14　TensorFlow 图标

下面使用 TensorFlow 拟合数据。示例代码如下。

代码 1.5　TensorFlow 示例代码：Fit_Data_with_Tensorflow.py

```
import tensorflow as tf
import numpy

#创建数据
x_data = numpy.random.rand(100).astype(numpy.float32)
#初始的曲线
y_data = x_data*1 + 2
tf.disable_v2_behavior()

#配置权重和偏置
Weights = tf.Variable(tf.random.uniform([1],-1,1))
basiss = tf.Variable(tf.zeros([1]))
y = Weights*x_data+basiss
#计算误差
loss = tf.reduce_mean(tf.square(y-y_data))
#优化器和训练方向：降低 loss
optimzier = tf.train.GradientDescentOptimizer(0.5)
trian = optimzier.minimize(loss)

#初始化，创建 session
init = tf.global_variables_initializer()
sess = tf.Session()
sess.run(init)
#开始训练
for step in range(101):
```

```
    sess.run(trian)
    if step%10==0:
        print(step,sess.run(Weights),sess.run(basiss))
```

最终拟合的输出结果如下：

```
0 [1.5093371] [2.3129325]
10 [1.136046] [1.9300959]
20 [1.0671227] [1.9655104]
30 [1.0331173] [1.9829834]
40 [1.0163394] [1.9916043]
50 [1.0080615] [1.9958577]
60 [1.0039774] [1.9979563]
70 [1.0019624] [1.9989916]
80 [1.0009682] [1.9995025]
90 [1.0004778] [1.9997545]
100 [1.0002357] [1.9998789]
```

从输出结果中可以看出，与初始设定的数值一致。

1.5.6 SKlearn

scikit-learn（又称 SKlearn），是结合了 NumPy 和 Scipy 的专门针对机器学习和数据分析的 Python 模块。SKlearn 支持数据预处理、分类、回归、聚合分类等一系列功能，并内置了支持向量机（support vector machine，SVM）、随机森林等一系列算法库。SKlearn 图标如图 1.15 所示。

图 1.15　SKlearn 图标

下面用 SKlearn 快速实现人工智能算法。示例代码如下。

代码 1.6　SKlearn 示例代码：Demo_for_SKLearn.py

```
from sklearn.datasets import load_iris
from sklearn.linear_model import LogisticRegression

#导入数据
```

```
X, y = load_iris(return_X_y=True)
#选择逻辑回归算法
clf=LogisticRegression(random_state=0,solver='lbfgs',max_it
er=100000, multi_class='multinomial')
#训练
clf.fit(X, y)
#输出最终得分
print("最终得分： {}".format(clf.score(X, y)))
```

输出结果为：

```
最终得分： 0.9733333333333334
```

1.5.7 Keras

Keras 是服务于深度学习的上层人工智能 Python 库，可以运行在 TensorFlow、Theano 和 Microsoft-CNTK 架构中。由于 Keras 专注于深度学习，因此 Keras 支持卷积神经网络（convolutional neural networks，CNN）和循环神经网络（recurrent neural networks，RNN），同时支持图模型和级联，并且 CPU 和 GPU 的切换非常顺畅，覆盖了深度学习开发的网络构建、编译、训练以及验证测试的全过程，是一个集大成者的人工智能网络库。Keras 图标如图 1.16 所示。

图 1.16 Keras 图标

下面在 Keras 中使用全连接神经网络来实现一个简单的二分类算法。示例代码如下。

代码 1.7 Keras 示例代码：Demo_for_Keras.py

```
from tensorflow.keras.models import Sequential
import numpy as np
from tensorflow.keras.layers import Dense

#生成数据
data = np.random.random((100, 100))
labels = np.random.randint(2, size=(100, 1))

# 模型初始化
```

```
model= Sequential()

# 全连接神经网络
model.add(Dense(32, activation='relu', input_dim= 100))
model.add(Dense(1, activation='sigmoid'))

#编译
model.compile(optimizer='rmsprop', loss='binary_crossentropy',
              metrics=['accuracy'])

#训练
model.fit(data, labels, epochs =100, batch_size=128)
#模型预测
model.predict_classes(data[:60])
```

在训练了 100 个 Epoch 后，准确率为：

```
Epoch 100/100
100/100 [==============================] - 0s 0s/sample - loss:
0.3686 - acc: 0.9400
```

1.5.8 习题

使用 Keras 构建一个 5 层的全连接神经网络结构。

1.6 温故而知新

学完本章后，读者需要回答以下问题：

- 什么是机器学习？
- 机器学习主要用来处理什么问题？
- 机器学习主要分为哪三类算法？
- 哪种算法在监督学习、无监督学习和强化学习中都表现优异？
- 两次机器学习低谷的原因是什么？
- 为什么学好概率论能更好地学习机器学习？

第2章　概率的基本概念

概率又称为“几率”“或然率”，是指某一件事发生的可能性。在现实生活中，人们经常听说过概率或使用过概率，但是概率和很多数学概念一样，看不见摸不着，很难在头脑中形成准确的定义。如果仅凭借印象或直觉，很难发觉概率的本质，更不用说很好地利用概率这一强大的统计学工具了。

本章是全书的基础，将通过多个例子了解概率，并通过数数和画图的方式来剖析概率的本质，给读者带来更加直观的感受。相信通过本章的学习，读者可以掌握概率的思考方式，那么关于概率的很多问题，也会豁然开朗。

本章主要涉及以下知识点。

- 概率的定义及几种概率的计算方法。
- 随机变量的表示方法。
- 独立性的定义、表述和随机事件的独立性。
- 概率的取值范围和运算。

2.1　概率的定义

概率是指随机事件出现的可能性，如明天下雨的概率、买彩票中奖的概率、掷骰子掷到一点的概率等。那么概率的定义到底是什么呢？实际上，概率可以从四种不同角度来定义，下面进行具体解析。

1．概率的古典定义

在古典事件中，概率的定义有以下两个先决条件。

（1）整个事件过程中只存在有限的结果。例如，抛硬币只会出现正面和反面两种结果，并且投掷的次数也是有限的。

（2）事件的每个结果出现的可能性是一样的。例如，在抛硬币的过程中，只要硬币没有被修改，出现正面和反面结果的可能性是一样的。

有了上面两个条件，古典的概率就能很好地定义了：假设事件出现的所有次数为 N，发生其中某一个特定事件的次数为 M，那么可以认定该事件发生的概率为：

$$P = \frac{M}{N}$$

概率的古典定义应该是人们熟知的概率定义，主要通过计数的方式来计算概率。

2. 概率的频率定义

概率的频率定义的基本思想是用频率来类比概率。随着人们遇到的问题越来越复杂，很难找到每个事件发生可能性一致的情形，所以从不同角度算出的概率各不相同。后来为了公平，人们决定不断增加事件发生的次数，虽然最终事件发生的可能性会在一个频率数值周围波动，但是可以用这个数值代替原先各不相同的数值，这也成为了概率的频率定义。

3. 概率的统计定义

概率的统计定义是雅各布·伯努利（Jacob Bernoulli）对频率定义的数学证明。假设在一定条件下，事件发生了 N 次，而其中的事件 A 发生了 N_A 次。随着 N 逐渐变大，事件 A 发生的频率在某一个数值 p 周围波动。因此可以定义事件 A 发生的概率为：

$$P(A) = p = \frac{N_A}{N}$$

从这个数学定义中可以得到三个结论：

- 对于任意事件 A，其发生的概率 $P(A)$ 必定满足 $0 \leqslant P(A) \leqslant 1$；
- 对于必然事件 Ω，其发生的概率为 $P(\Omega) = 1$；
- 对于不可能事件 $\varnothing$，其发生的概率为 $\mathrm{P}(\varnothing) = 0$。

4. 概率的公理化定义

柯尔莫哥洛夫从另一个角度给出了概率的公理化定义。假设在样本空间集合内，对于每一个事件 A，都赋一个实数值 $P(A)$ 定义为事件 A 的概率，那么这个集合函数 $P(A)$就满足以下条件：

- 非负性：对于任意事件 A，其概率满足 $P(A) \geqslant 0$；
- 规范性：对于必然事件 Ω，其概率满足 $P(\Omega) = 1$；
- 可列可加性：若 A_1，$A_2 \cdots$ 是两两互不相容的事件，即对于 $i \neq j$，$A_i \cap A_j = 0$，那么它们同时发生的概率为 $P(A_1 \cup A_2 \cup \cdots \cup A_n) = \sum_{i=1}^{n} P(A_i)$。

注意

本节关于集合的交集和并集会在2.2节中详述，读者在此先有一个初步印象即可。

2.2 集合和事件

在2.1节概率的定义中，已经了解了事件和集合的基本思想，本节将详细阐述集合和事件的具体内容。

2.2.1 集合和子集

集合是一个整体概念，表示满足一定条件的所有事物的总和。集合中的每个事物称为集合的元素。集合通常使用大括号“{}”来表示。例如：

$$\begin{cases} A = \{\text{所有有理数}\} \\ A = \{\text{"向上"，"向下"，"向左"，"向右"}\} \\ A = \{\text{"晴天"，"雨天"，"多云"，"下雪天"}\} \end{cases}$$

如果一个元素 i 在集合中，可以用数学公式表示为$i \in A$，读作元素 i 属于集合 A；反之，则表示为$i \notin A$，读作 i 不属于集合 A。如果集合中不含有任何元素，称为空集，记作$\varnothing$。

由集合中满足部分条件的元素构成的集合称为集合的子集。例如，上面由所有有理数构成的集合，可以有很多子集：

$$\begin{cases} S_1 = \{1, 2, 3, 4, 5, 6\} \\ S_2 = \{\text{所有整数}\} \\ S_3 = \{\text{所有大于0的有理数}\} \end{cases}$$

因此，能引出子集准确的数学定义：如果集合 S 中的任意元素都是集合 A 的元素，那么集合 S 是集合 A 的子集。数学公式表示为

$$\text{如果}\forall a \in S\text{，均有}a \in A\text{，那么}S \subseteq A$$

通常通过画图的方式来表示和运算集合。如图2.1所示，集合 S 是集合 A 的子集，并且至少存在一个元素 i，$i \in \mathrm{A}$ 且$i \notin \mathrm{S}$，则称集合 S 是集合 A 的真子集，记作 $S \subsetneq A$。

从子集的定义中可以推断出子集的性质：

- 任何一个集合是它自身的子集；
- 空集是所有集合的子集；
- 如果两个集合互为对方的子集，那么这两个集合相等。

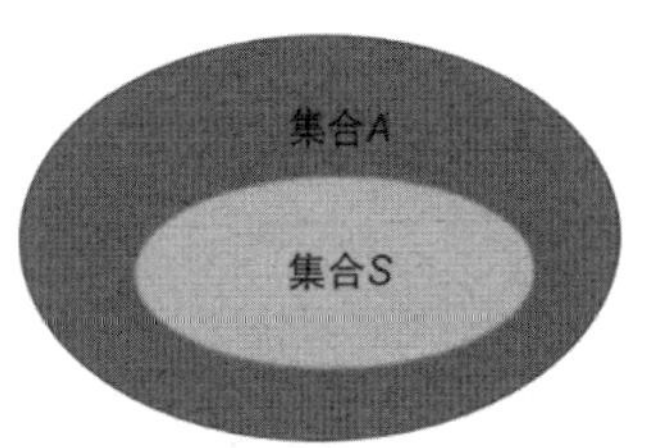

图 2.1　真子集

2.2.2　集合的相互作用

集合之间的关系和运算主要包括交集、并集、补集、子集；集合运算的法则主要包括常见的交换律、结合律和分配律。下面通过文氏图来模拟集合的相互关系，以更好地理解它们之间的运算。

1. 交集

假设有集合 A 和集合 B，由所有既属于集合 A 又属于集合 B 的元素组成的集合，是集合 A 和集合 B 的交集，如图 2.2 所示，记作 $A \cap B$。

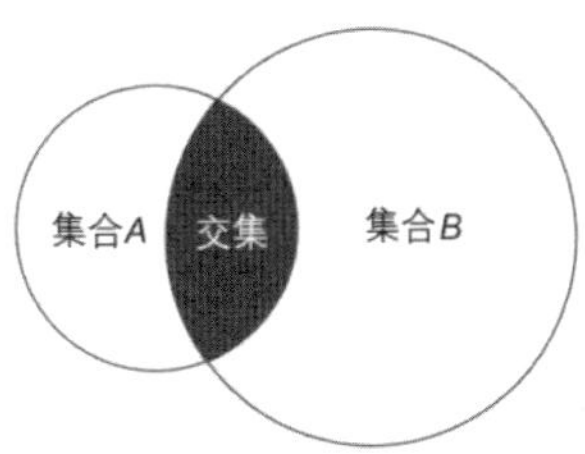

图 2.2　集合 A 和集合 B 的交集

集合的交集具有以下性质：

$$\begin{cases} A \cap B = B \cap A \\ A \cap A = A \\ A \cap \varnothing = \varnothing \end{cases}$$

2. 并集

假设有集合 A 和集合 B，由属于集合 A 或者属于集合 B 的元素组成的集合，是集合 A 和集合 B 的并集，如图 2.3 所示，记作 $A \cap B$。

集合的并集具有以下性质：

$$\begin{cases} A \cup B = B \cup A \\ A \cup A = A \\ A \cup \varnothing = A \end{cases}$$

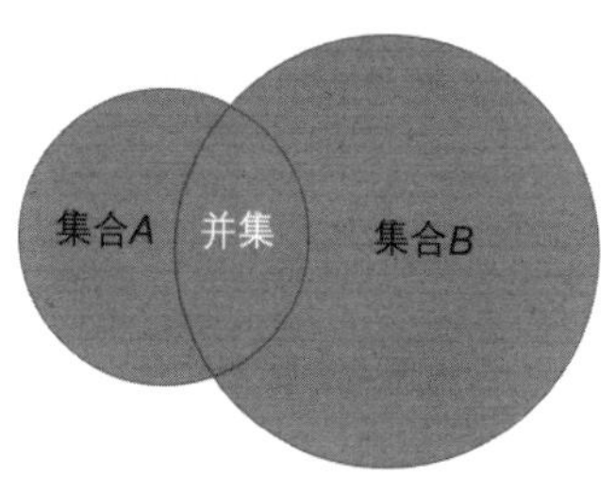

图 2.3　集合 A 和集合 B 的并集

3．补集

假设有全集 U，$A \subseteq U$，由不属于集合 A 但是属于集合 U 的元素组成的集合，是集合 A 的补集，如图 2.4 所示，记作 $\overline{A}$。

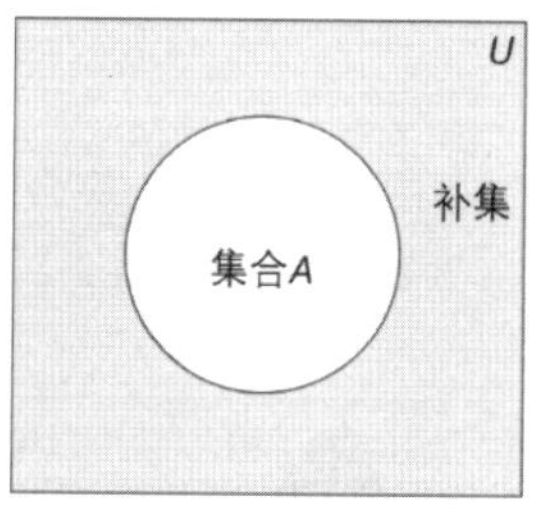

图 2.4　集合 A 的补集

集合的补集具有以下性质：

$$\begin{cases} \overline{A} \cup A = U \\ \overline{A} \cap A = \varnothing \\ \overline{U} = \varnothing \\ \overline{\varnothing} = U \end{cases}$$

注意

本小节讲述的补集是指绝对补集。在本书中，相对补集以减号“-”表示，即集合 B 和集合 A 的相对补集为 $B - A$。

2.2.3　集合的运算

集合作为一组数据的综合体，必然满足很多数据已有的通用特性。假设现在有三个集合 A、B、C，仍然可以通过画图的方式来了解集合有哪些数学定律。

1. 交换律

在计算两个集合的交集和并集时，并没有规定哪个集合在左边，哪个集合在右边。

$$\begin{cases} A\cup B=B\cup A \\ A\cap B=B\cap A \end{cases}$$

2. 结合律

在计算三个集合共同的交集或并集时，可以先求其中任意两个集合的交集或并集。三个集合的结合律如图 2.5 所示。

$$\begin{cases} A\cup B\cup C=A\cup(B\cup C) \\ A\cap B\cap C=A\cap(B\cap C) \end{cases}$$

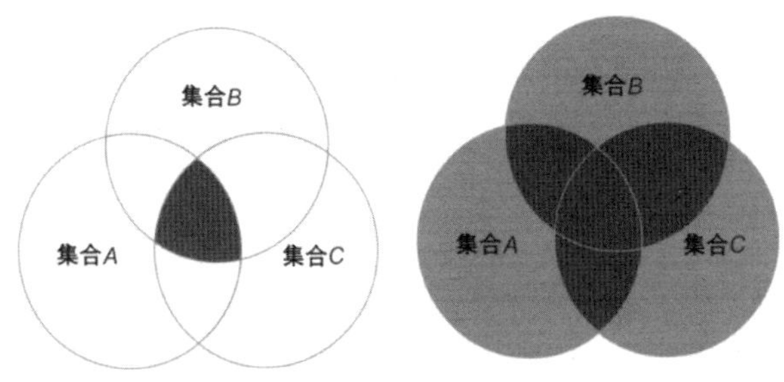

图 2.5　三个集合的结合律

3. 分配律

在 A、B、C 三个集合中，先两个集合做交集，再与剩下的集合做并集，可以转换为先分别与剩下的集合做并集，再一起做交集，如图 2.6 所示。这与算术中的分配律非常相似，当然，先做并集再做交集也满足这一规律。

$$\begin{cases} (A\cap B)\cup C=(A\cup C)\cap(B\cup C) \\ (A\cup B)\cap C=(A\cap C)\cup(B\cap C) \end{cases}$$

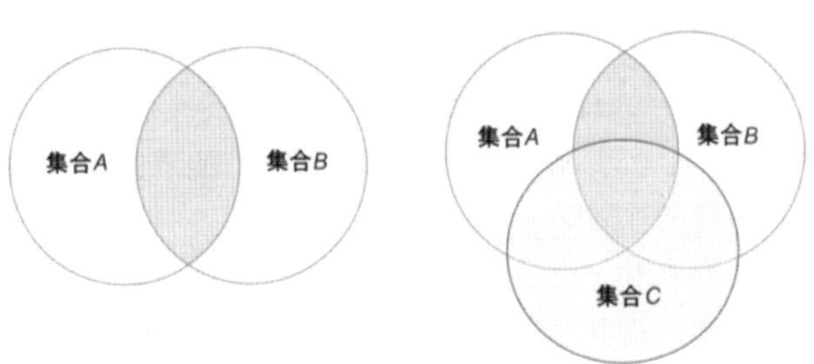

图 2.6　三个集合的分配律

4. 德·摩根定律

在计算 A、B 两个集合并集的补集时，分别求两个集合各自的补集后再求交集。三个集合的德·摩根定律如图 2.7 所示。

$$\begin{cases}\overline{A\cup B}=\bar{A}\cap\bar{B}\\ \overline{A\cap B}=\bar{A}\cup\bar{B}\end{cases}$$

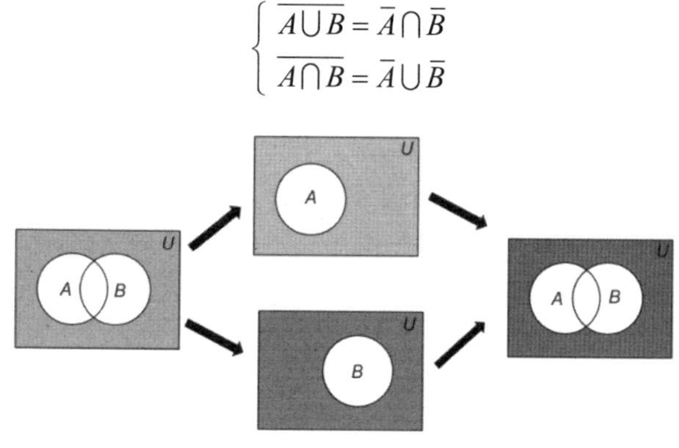

图 2.7　三个集合的德·摩根定律

2.2.4　事件

前面已经了解了集合的概念，现在来学习事件。事件是指在一定的条件下可能发生的事情。根据可能性可以把事件分为以下三种：

- 必然事件：在一定条件 S 下，肯定会发生的事件，称为必然事件；
- 不可能事件：在一定条件 S 下，肯定不会发生的事件，称为不可能事件；
- 随机事件：在一定条件 S 下，可能发生也可能不发生的事件，称为随机事件。

从以上定义中可以看出，必然事件和不可能事件是随机事件的两种极端情况。同时，也可以从集合的角度来解释这三种事件。已知条件 S 下所有事件的全集为 U，U 中包含无数个子集。那么对于必然事件，因为是必然发生的事件，因此对应整个全集 U；对于不可能事件，因为是不可能发生的，所以对应空集 $\varnothing$；对于随机事件，因为每次发生的情况都不一样，因此对应全集中的非空子集 S。由于必然事件和不可能事件不存在随机性，因此又将这两种事件统称为确定事件。

从概率的角度来看，由于确定事件的概率是固定的，所以往往关注随机事件的概率。在讨论概率之前，需要弄清几种随机事件的相互关系。在众多随机事件中，有三种事件尤其值得关注。

1. 互斥事件

互斥事件通常是指不可能同时发生的事件。如果事件 A 和事件 B 是互斥事件，那么 $A\cap B$ 不可能发生，也必然满足：

$$\begin{cases} P(A\cap B)=0 \\ P(A\cup B)=P(A)+P(B) \\ 0<P(A\cup B)\leqslant 1 \end{cases}$$

2. 对立事件

如果事件 A 和事件 B 是互斥事件，同时事件 A 和事件 B 中必然有一个会发生，那么事件 A 和事件 B 是对立事件，也必然满足：

$$P(A)+P(B)=1$$

3. 独立事件

任意两个事件 A 和事件 B，如果其中一个事件发生的概率不影响另一个事件，那么这两个事件称为独立事件，也必然满足：

$$P(AB)=P(A)+P(B)$$

注意

必然事件、不可能事件和随机事件是相对于一定条件 S 的前提下，如果条件 S 发生变化，则事件的性质也有可能发生变化。

2.2.5 习题

判断下面公式或说法的正确性，正确的打 √，错误的打×。

- 如果集合 $A=\{1,2,3\}$，集合 $B=\{(1,2)\}$，那么 $A\cap B=\{1,2\}$。（ ）
- 如果 $A\subseteq B$，$B\subseteq C$，$C\subseteq D$，那么 $A\subseteq D$。（ ）
- 如果 $P(AB)=P(A)+P(B)$，那么事件 A 和事件 B 是独立事件。（ ）
- $A\cap\bar{A}\cap A=A$。（ ）
- $\overline{A\cup B}=\bar{A}\cup\bar{B}$。（ ）
- $(A\cap B)\cup C=(A\cap C)\cup(B\cap C)$。（ ）

2.3 独 立 性

在 2.2 节中，已经了解了随机事件并提到过相互独立，在本节中，将系统地介绍独立性。

2.3.1 独立性的定义

如果 A、B 是两个随机事件，并且事件 A、B 同时发生的概率是它们各自发生概率的乘积，那么称事件 A 和事件 B 是相互独立的，具有独立性。用数学公式描述为

$$P(AB)=P(A)\times P(B)$$

以上是一般意义的独立性，同时也衍生出条件独立性：在条件 C 成立的前提下，如果 A、B 两个随机事件同时发生的概率是它们各自发生概率的乘积，那么称 A 和 B 在条件 C 下是相互独立的，具有条件独立性。用数学公式描述为

$$P(AB|C)=P(A|C)\times P(B|C)$$

为了更方便地记录独立性，这里将 A、B 独立记作 $A\perp B$，将 A、B 条件独立记作 $A\perp B|C$。

注意

独立性并不表示对立性，这两个是不同的概念。A、B 事件相互独立只是表示它们之间没有对应关系，而 A、B 事件相互对立表示非 A 即 B，这已经表示一种映射关系了。请读者区分这两个概念的本质区别。

2.3.2 独立性的性质

顾名思义，独立性即表示两个事件互不影响。除了上面定义的数学公式，还可以推断出很多独立性的性质。

1. 不可能事件和任何事件都是独立的

由于不可能事件永远不会发生，其概率为 0，任何事件（即使另一个事件也是不可能事件）和它同时发生的概率仍为 0，满足：

$$P(A\varnothing)=0=P(A)\times 0=P(A)\times P(\varnothing)$$

2．独立事件的概率与条件无关

如果随机事件 $A\times B$ 相互独立，那么 $A\times B$ 各自的概率等于它们互相的条件概率，用数学公式描述为

$$\begin{cases} P(A)=P(A\mid B)=P(A\mid B) \\ P(B)=P(B\mid A)=P(B\mid \bar{A}) \end{cases}$$

以上公式的证明非常简单：

因为 $P(A\mid B)=\dfrac{P(AB)}{P(B)}$，同时 $P(AB)=P(A)\times P(B)$，所以

$$P(A\mid B)=\frac{P(A)\times P(B)}{P(B)}=P(A)$$

3．独立事件的补集也相互独立

如果事件 A 和事件 B 相互独立，那么事件 A 和事件 $\bar{B}$ 、事件 $\bar{A}$ 和事件 B、事件 $\bar{A}$ 和事件 $\bar{B}$ 也都是相互独立的，用数学公式描述如下。

如果 $A\perp B$，则

$$\bar{A}\perp B,\quad A\perp \bar{B},\quad \bar{A}\perp \bar{B}$$

以上公式的证明也非常简单：

因为 $P(\bar{A}B)=P(B)-P(AB)$，同时 $P(AB)=P(A)\times P(B)$，所以

$$\begin{aligned} P(\bar{A}B)&=P(B)-P(A)\times P(B) \\ &=[1-P(A)]\times P(B) \\ &=P(\bar{A})\times P(B) \end{aligned}$$

从而 $\bar{A}\perp B$ 。

2.3.3　多个事件的独立性

上面讲的是两个事件之间的相互独立，如果存在 3 个以上事件时，也会有独立性吗？其实是存在的，可以先以 3 个事件为例。如果有 3 个随机事件 A、B、C，它们之间任意两个事件都是独立的，那么这 3 个事件具有独立性。当下面的所有式子都成立时，A、B、C 3 个事件相互独立：

$$\begin{cases} P(AB)=P(A)\times P(B) \\ P(AC)=P(A)\times P(C) \\ P(BC)=P(B)\times P(C) \\ P(ABC)=P(A)\times P(B)\times P(C) \end{cases}$$

推广到普适定律，如果有 n 个事件 A_1，A_2，…，A_n，满足这些事件中

所有的 2 个，3 个，…，n 个事件都相互独立，则认为这 n 个事件相互独立。

下面用一个简单的例子来帮助读者加深对独立性的理解。现在取来 1 副扑克牌，去掉其中的大王和小王，还剩 52 张牌，如图 2.8 所示。从这 52 张牌中随机抽取 1 张，求这张牌是非数字黑桃牌的概率是多少？

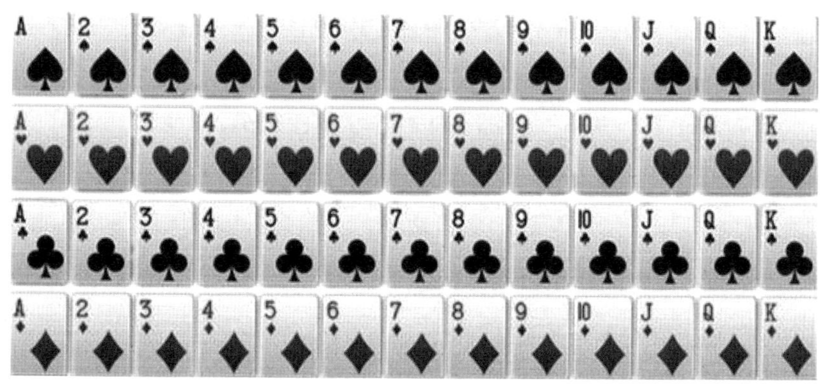

图 2.8　扑克牌示意图

最终筛选牌时，需要满足两个条件：选出的牌必须是非数字的；选出牌的花色必须是黑桃。现在找出所有满足条件的牌：黑桃 J、黑桃 Q 和黑桃 K。由于是从所有牌中选择的，所以可以得出满足条件的概率为

$$P(\text{黑桃牌, 非数字牌}) = \frac{3}{52}$$

如果随机从 1 副扑克牌中抽取出 1 张牌，那么这张牌是不是数字牌与这张牌的花色是不是黑桃没有关系，即黑桃牌和非数字牌是相互独立的。下面根据运算来验证这两种情况是否是真的独立。

首先选出所有黑桃牌为黑桃 A 到黑桃 K，共 13 张，所以选到黑桃牌的概率为

$$P(\text{黑桃牌}) = \frac{13}{52} = \frac{1}{4}$$

然后选出所有的非数字牌为黑桃 J、Q、K，方块 J、Q、K，红心 J、Q、K 和梅花 J、Q、K，共 12 张，所以选到非数字牌的概率为

$$P(\text{非数字牌}) = \frac{12}{52}$$

可以发现：

$$
\begin{aligned}
&P(\text{黑桃牌})\times P(\text{非数字牌})\\
&=\frac{12}{52}\times\frac{1}{4}\\
&=\frac{3}{52}\\
&=P(\text{黑桃牌, 非数字牌})
\end{aligned}
$$

从而满足公式 $P(AB)=P(A)\times P(B)$，独立性得到验证，与感性认识相契合。

上面的例子可以用 Python 代码来实现。示例代码如下。

代码 2.1　扑克牌抽牌独立性：Poker_Indepent.py

```
import random
def Poker_Indepent():
    #扑克牌有四种花色
    poker_suit = ['heart','spade','diamond','club']
    #扑克牌上的字母或数字
    poker_letter =['A'] + [str(i) for i in range(2,11)] +
list('JQK')
    #定义整个扑克牌
    all_poker = [[i,j] for i in poker_suit for j in poker_letter]
    #黑桃牌的数量
    number_spade = 0
    #非数字牌的数量
    number_character = 0
    #实验 52 万次
    for i in range(520000):
        #随机抽取一张牌
        choice = random.choice(all_poker)
        if choice[0] == 'spade':
            number_spade += 1
        if choice[1] in list('JQK'):
            number_character += 1
    print("选中黑桃牌的概率为{0}/{1}".format(round(number_
spade/10000),52))
    print("选中非数字牌的概率为{0}/{1}".format(round(number_
character/10000),52))
```

输出结果为：

```
选中黑桃牌的概率为13/52
选中非数字牌的概率为12/52
```

2.3.4 习题

判断下面几个事件是否相互独立。

- 抛硬币时，出现正面和反面。（ ）
- 甲、乙两个人投篮，甲投进和乙投进。（ ）
- 明天天气是多云和明天天气是下雨。（ ）
- 交通灯显示红灯、黄灯和绿灯。（ ）
- 出去旅游时，是否乘坐飞机和目的地下雨。（ ）
- 了解机器学习概率论和了解世界历史。（ ）

2.4 概率的取值范围和运算

现在已经掌握了集合、独立性等相关知识，并且前面章节也多次提到和运用概率的运算。本节将系统地梳理概率的几个基本性质。

2.4.1 概率的取值范围

概率描述的是一个事件发生的可能性，极端情况是该事件一定发生或该事件一定不会发生。通常情况是处于这两个极端之间，即一个事件可能发生，也可能不发生，因此通常说一个事件有一定的概率会发生。对于概率的取值范围来说，可以总结出以下性质。

1. 任何事件的概率都介于 0 和 1 之间

对于任意事件 A，它的概率范围都满足：

$$0 \leqslant P(A) \leqslant 1$$

2. 不可能事件的概率为 0

对于不可能事件，因为是不可能发生的，所以对应空集 $\varnothing$ 。

对于空集 $\varnothing$ ，它的概率为

$$P(\varnothing) = 0$$

3. 必然事件的概率为 1

对于全集 U，它的概率为

$$P(U) = 1$$

4．任何事件的发生概率必然不小于它的子集

现在有两个随机事件 A 和事件 B，若它们分别组成的集合满足：

$$A \subseteq B$$

那么

$$P(A) \leqslant P(B)$$

2.4.2 概率的运算

虽然计算单个事件的概率能够提供这一事件的部分信息，但是实际情况要复杂很多，需要同时考虑两个或两个以上事件的情形，即引入了多事件的共同概率问题。鉴于概率的根本是对数据的统计，因此正如常规的数据运算，概率也存在对应的四则运算。

1．概率的加法运算

如果两个随机事件 A 和 B 互斥，那么 A、B 任意一个事件发生的概率可以用加法表示为

$$P(A \cup B) = P(A) + P(B)$$

以交通信号灯为例，正常的信号灯中只有红、绿、黄三种颜色，假设亮三种颜色的灯的概率是一样的，则

$$P(\text{红灯}) = P(\text{绿灯}) = P(\text{黄灯}) = \frac{1}{3}$$

现在计算不是红灯的概率，即信号灯为绿灯或黄灯的概率。由于不可能既是绿灯又是黄灯的情况，所以这两个事件是互斥的，从而可以用加法运算：

$$P(\text{非红灯}) = P(\text{绿灯}) + P(\text{黄灯}) = \frac{1}{3} + \frac{1}{3} = \frac{2}{3}$$

根据加法运算的先决条件得出：当且仅当两个事件互斥时才可以使用加法运算。如果两个事件不互斥，将无法使用概率加法公式。例如，在掷骰子游戏中，事件 A 为掷出奇数点数$\{1, 3, 5\}$，事件 B 为掷出小一点的数$\{1, 2, 3\}$。A、B 两个事件并不相斥，需要求事件 A、B 中任意一个事件发生的概率，无法直接用概率的加法运算：

$$P(\text{奇点}) = P(\text{小点}) = \frac{1}{2}$$

$$P(\text{奇点} \cup \text{小点}) = \frac{\text{Num}\ \{1,2,3,5\}}{6} = \frac{2}{3} \neq P(\text{奇点}) + P(\text{小点})$$

现在将加法公式普适化，当 n 个事件 A_1，A_2，…，A_n 互斥时，它们中

任意一个事件发生的概率为他们各自概率的和。

$$P(A_1 \cup A_2 \cup \cdots \cup A_n) = \sum_{i=1}^{n} P(A_i)$$

同时，互斥事件中有一种值得特殊提出来的情形是对立事件。对于任何两个对立事件，其概率和为 1。

$$P(A) + P(\overline{A}) = 1$$

说明

在有的书中会用 $P(!A)$ 表示事件 A 的对立事件，但为了统一，本书中将一致使用读者常用的 $P(\overline{A})$ 表示事件 A 的对立事件。

2．概率的减法运算

由概率的加法运算可以得知，A、B 两个事件互斥时，它们任意一个发生的概率为各自概率的和。在互斥事件中，有一种情况比较特殊。若 A、B 为对立事件，那么它们的概率之和为 1。由此可以推导出概率的减法运算：如果事件 A 和事件 B 为对立事件，那么事件 A 发生的概率为

$$P(A) = 1 - P(B)$$

根据这一定理可以进一步推广。已知任意事件 A 和事件 $\overline{A}$ 是对立的，因此在求事件 $\overline{A}$ 的概率时，可以直接利用减法运算法则：

$$P(\overline{A}) = 1 - P(A)$$

同时可以根据集合的作图法来加深对概率的减法运算的理解。如图 2.9 所示，如果事件 A 是事件 B 的子集，则 $P(B-A)$ 表示事件 B 发生但事件 A 没发生的概率：

因为 $A \subseteq B$

所以

$$P(B-A) = P(B) - P(A)$$

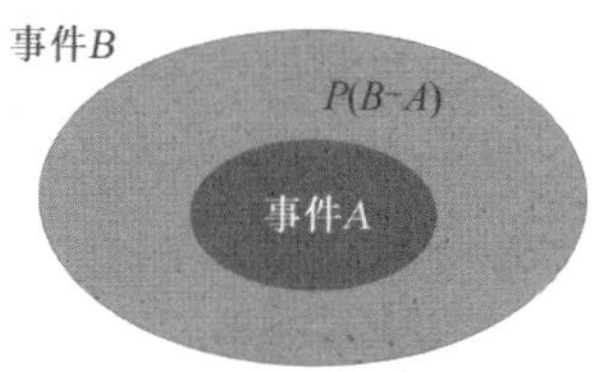

图 2.9　子集的减法运算

如果推广到一般情况，去掉前提条件 $A \subseteq B$，则 $P(B-A)$ 仍然表示事件 B 发生但事件 A 没发生的概率，可以将公式做一个简单的变换：

$$P(B-A)=P(B)-P(A,B)$$

如图 2.10 所示，只需在事件 B 发生的情况下将事件 A、B 同时发生的情况去除即可。

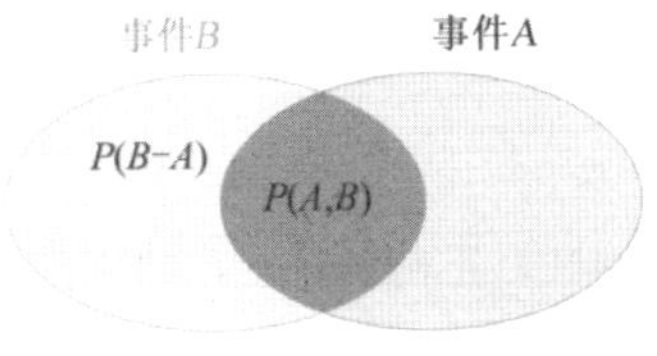

图 2.10　一般情况下的减法运算

3. 概率的乘法运算

通常用 $P(A,B)$ 表示事件 A 和事件 B 同时发生的概率，而两个事件同时发生又可以用交集来表示，因此

$$P(A,B)=P(A\cap B)$$

如果事件 A 和事件 B 相互独立，那么它们同时发生的概率为两个事件各自发生的概率的乘积，即

$$P(A,B)=P(A)\times P(B)$$

这一公式比较容易证明。首先，如果 A、B 中任何一个为不可能事件，那么它的概率为 0，它们共同发生的概率也为 0，满足上式。然后，如果 $P(A)>0$，事件 A、B 同时发生可以表示为事件 A 发生了在事件 A 发生的前提下，事件 B 发生了，即

$$P(A,B)=P(A)\times P(B\mid A)$$

由于 AB 是相互独立的，因此

$$P(B\mid A)=P(B)$$

从而

$$P(A,B)=P(A)\times P(B)$$

4. 概率的除法运算

正如常规的四则运算一样，有了乘法公式的铺垫，除法公式就可以自然而言地推导出来。已知事件 A、B 同时发生的概率为事件 A 发生的概率和事件 B 在事件 A 发生的前提下发生概率的乘积。如果要求上述的条件概率，可以直接通过除法运算求得：

$$P(B\mid A)=\frac{P(A,B)}{P(A)}$$

这个公式是条件概率的基础，即由这个公式可以推导出贝叶斯公式。读者可以对此有一个初步印象，关于贝叶斯定理，将会在第 5 章中详细阐述。

注意

在运用条件概率做除法运算时，默认初始概率 $P(A)>0$ 。因为 $P(A)=0$ 表示初始条件是不可能事件，在此基础上继续讨论条件概率，没有太大的实际意义。

2.4.3 习题

判断下面公式的正确性，正确的打√，错误的打×。

- $P(A,B)=P(A)\times P(B)$ 。 (　　)
- $P(\bar{A})+P(A)=1$ 。 (　　)
- $P(B\mid A)=P(B)$ 。 (　　)
- $P(A,B)=P(A\cap B)$ 。 (　　)
- $P(B-A)=P(B)-P(A)$ 。 (　　)
- $P(B\mid A)=\dfrac{P(B)}{P(A)}$ 。 (　　)

2.5 常见的计算概率的方法

前面章节已经介绍了概率的定义和性质，以及集合、独立性和事件等相关概念。本节将介绍几种常见的计算概率的方法。

2.5.1 穷举法

如果一个事件最多包含两种元素，并且事件出现的可能性可以完全列举出来，可以使用穷举法来计算概率。如图 2.11 所示，一个篮子中有两个苹果和一个桃子，现在如果分别有放回地取两次水果（即第一次拿了水果后，将水果放回再取一次），那么两次都拿到苹果的概率是多少？

图 2.11　拿取水果的示例

穷举法的计算方式又可以细分为列表法和树状图法。

1. 列表法

将篮子中水果的所有两两组合都记录在表 2.1 中，因为是有放回的拿取，所以可能会出现两次都拿到同一个水果的情况。

表 2.1 拿到水果的所有可能

水果种类	苹果 1	苹果 2	桃子
苹果 1	苹果 1，苹果 1	苹果 2，苹果 1	桃子，苹果 1
苹果 2	苹果 1，苹果 2	苹果 2，苹果 2	桃子，苹果 2
桃子	苹果 1，桃子	苹果 2，桃子	桃子，桃子

从表 2.1 中可以看出，两次都拿到苹果的次数为 4 次，所有的可能性为 9 次，那么两次都拿到苹果的概率为

$$P(\text{两次都拿到苹果})=\frac{4}{9}$$

2. 树状图法

也可以将所有可能拿到水果的情况绘制成树状图的结构，如图 2.12 所示。

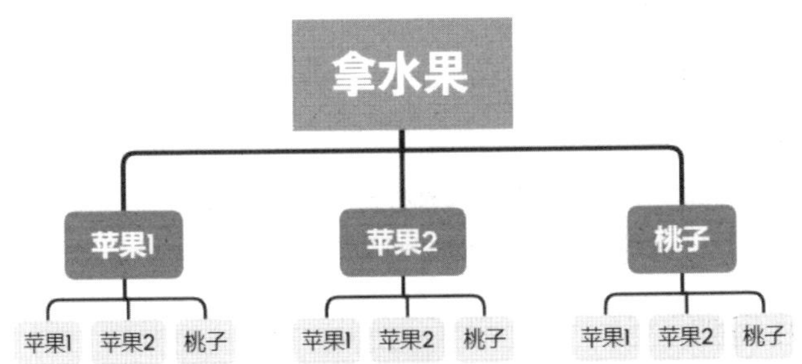

图 2.12 拿到水果情况的树状图

可以从根节点开始判断每条链路中的情况是否满足抓到两个苹果的条件，由图 2.12 中可以看出：第一条主链路中有两种情况满足条件；第二条主链路中也有两种情况满足条件；第三条主链路中所有情况都不满足条件。因为总共有 4 条链路满足条件，而链路的总数为 9 条，所以两次都抓取苹果的概率为

$$P(\text{两次都拿到苹果})=\frac{4}{9}$$

注意

由于前后两次拿取的事件是相互独立的，而每次拿到苹果的概率都可以求出，因此可以直接通过乘法公式算出最终概率：

$$P(\text{两次都拿到苹果}) = \frac{2}{3} \times \frac{2}{3} = \frac{4}{9}$$

2.5.2 频率替代法

已知在同样的前提条件下，随着实验次数的不断增加，某一随机事件发生的频率将会在某一个固定值附近波动，通常可以用该实验的频率表示这一事件的概率，即频率替代法。频率替代法常用来解决现实生活中元素复杂的事件。例如，统计一个工厂生产零件的废品率，可以分几个批次让工厂生产零件：

- 第一次生产了 10000 个零件，废弃了 26 个。
- 第二次生产了 20000 个零件，废弃了 103 个。
- 第三次生产了 100000 个零件，废弃了 498 个。
- 第四次生产了 200000 个零件，废弃了 1002 个。

可以发现，工厂不断重复生产零件这一事件，随着生产零件数量的不断增大，工厂生产的废品率在 0.5%附近波动，因此可以认为该工厂生产的零件是废品的概率为 0.5%。

注意

使用频率替代法时，一定要保证实验次数足够多，这样才能避免统计误差。频率替代法通常与下面要介绍的几何法相结合来使用。

2.5.3 几何法

前面已经介绍了使用频率替代法可以计算随机事件的概率。而随机事件的频率除了通过列表法得到外，还可以基于频率数值绘制各自的统计图，如扇形图、柱状图、饼图等，然后将频率事件转换为几何面积，这样就能更方便快捷地计算随机事件的概率，即几何法。

下面通过一个例子更直观地介绍几何法。如图 2.13 所示，现在有一个定制的靶子，分别有 1、2、3、4 环，分别对应半径为 1cm、2cm、3cm 和 4cm 的圆环。假设现在有一群射手射中该靶，排除脱靶的情形，分别计算射中每一环的概率。

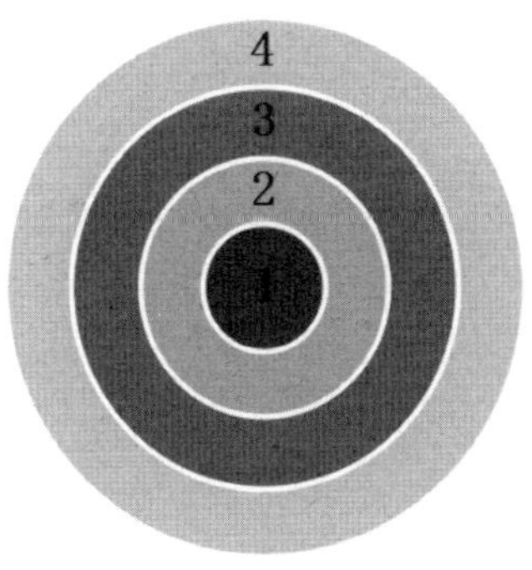

图 2.13　射靶示意图

在射靶过程中，由于风向、湿度、气候、射手的身体状况等很多因素都会影响最终结果，所以不能用穷举法，只能用频率替代法。因为射手射中每一环的频率和环的面积成正比且单位相同，所以可以计算每一环的面积：

$$S_1 = \pi \times 1^2 = \pi$$

$$S_2 = \pi \times 2^2 - \pi \times 1^2 = 3\pi$$

$$S_3 = \pi \times 3^2 - \pi \times 2^2 = 5\pi$$

$$S_4 = \pi \times 4^2 - \pi \times 3^2 = 7\pi$$

总面积为　$S = \pi \times 4^2 = 16\pi$

射手射中每一环的概率为

$$P_1 = \frac{S_1}{S} = \frac{\pi}{16\pi} = \frac{1}{16}$$

$$P_2 = \frac{S_2}{S} = \frac{3\pi}{16\pi} = \frac{3}{16}$$

$$P_3 = \frac{S_3}{S} = \frac{5\pi}{16\pi} = \frac{5}{16}$$

$$P_4 = \frac{S_4}{S} = \frac{7\pi}{16\pi} = \frac{7}{16}$$

上面的例子可以用 Python 代码来实现。示例代码如下。

代码 2.2　模拟射靶概率：Simulation_Shoot_Probability.py

```
#-*- coding:utf-8 -*-
import numpy as np

#总共的模拟数量
SAMPLE_NUMBERS = 160000
```

```
#生成均匀分布的中靶数据
def Sample_Data(samples_num):
  #通过边长的算术平方根来模拟均匀分布
  total_data = []
  t = np.random.random(size=samples_num) * 2 * np.pi - np.pi
  x = np.cos(t)
  y = np.sin(t)
  for i in np.arange(0,samples_num):
    len = np.sqrt(np.random.random())
    x[i] = 4*x[i] * len
    y[i] = 4*y[i] * len
    total_data.append([x[i], y[i]])
  return total_data

#统计中靶数据的频率
def Simulation_Shoot_Probability():
  simulated_data = Sample_Data(SAMPLE_NUMBERS)
  #射中 1 环的数量
  number_of_1st_ring = 0
  #射中 2 环的数量
  number_of_2nd_ring = 0
  #射中 3 环的数量
  number_of_3rd_ring = 0
  #射中 4 环的数量
  number_of_4th_ring = 0

  #根据中靶位置，对模拟数据分类
  for i,j in simulated_data:
    if 0 <= i**2 + j**2 <= 1:
      number_of_1st_ring += 1
    elif 1 < i**2 + j**2 <= 4:
      number_of_2nd_ring += 1
    elif 4 < i ** 2 + j ** 2 <= 9:
      number_of_3rd_ring += 1
    elif 9 < i ** 2 + j ** 2 <= 16:
      number_of_4th_ring += 1

  #统计最终每一环的中靶概率
  print("射中 1 环的概率为 {}/16 \n".format(round(number_of_1st_
ring/10000)))
  print("射中 2 环的概率为 {}/16 \n".format(round(number_of_2nd_
ring / 10000)))
  print("射中 3 环的概率为 {}/16 \n".format(round(number_of_3rd_
```

```
ring / 10000)))
  print("射中 4 环的概率为 {}/16 \n".format(round(number_of_4th_
ring / 10000)))
```

输出结果为：

```
射中 1 环的概率为 1/16

射中 2 环的概率为 3/16

射中 3 环的概率为 5/16

射中 4 环的概率为 7/16
```

程序模拟的结果和先前计算的结果一致。

2.5.4 习题

现有商场购物促销，消费即可参加抽奖活动，分别有一等奖、二等奖和三等奖。消费者通过转动转盘的方式抽奖，如图 2.14 所示。其中，一等奖、二等奖、三等奖的面积比为 1∶2∶7。计算消费者分别中一等奖、二等奖和三等奖的概率。

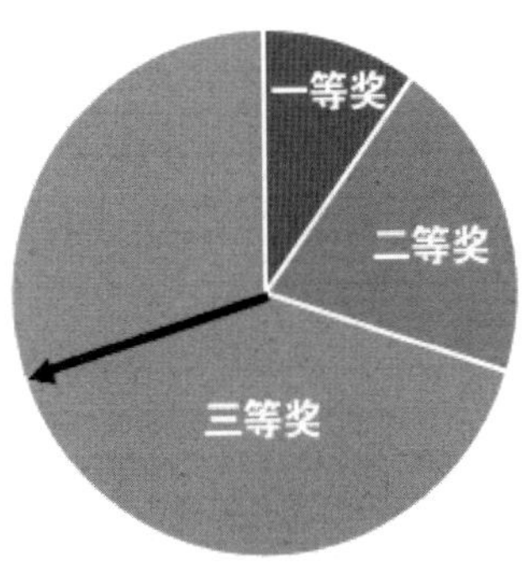

图 2.14 商场转盘抽奖示意图

2.6 温故而知新

学完本章后，读者可尝试回答以下问题：

（1）概率有几种定义，以及几个定义之间的演变过程？

（2）当集合 A 是集合 B 的子集时，有哪些性质？

（3）集合的运算有哪几个定律？

（4）互斥事件和对立事件的区别是什么？

（5）概率哪种情况下可以使用加、减法运算？

（6）概率哪种情况下可以使用乘、除法运算？

（7）计算概率有哪几种方法？

（8）哪种情况下使用穷举法计算概率？哪种情况下使用频率替代法？

第 3 章　离散型概率分布

统计学中有几十种不同类型的概率分布，如二项分布、几何分布和泊松分布等。所有这些分布都可以归类为连续型概率分布或离散型概率分布。离散型概率分布是由离散变量组成的，具体来说，如果一个随机变量是离散的，那么它属于离散型概率分布。

离散型概率分布描述了离散型随机变量的每个值的出现概率。离散型随机变量是一种具有可计算值的随机变量。离散型概率分布是统计学中具有离散值的数据分布。离散值是可数的、有限的、非负的整数。通过离散型概率分布，离散型随机变量的每个可能值都可以与一个非零的概率相关联。因此，离散型概率分布常常以表格的形式呈现。本章将具体讲解关于离散型随机分布的内容。

本章主要涉及以下知识点。

- 离散型概率分布简介：离散型概率分布的定义及性质。
- 离散型概率分布的期望值：离散型概率分布的期望值的定义、基本性质、运算、条件期望值和不存在期望值。
- 方差和标准差：离散型概率分布的方差、协方差和标准差的定义、性质和运算。
- 常见的离散型概率分布：二项分布、正态分布和泊松分布。

3.1　离散型概率分布简介

统计分布可以是离散的，也可以是连续的。连续分布是由落在一个连续体上的结果建立的；离散型概率分布是一种描述离散（可单独计算）结果发生的概率分布。离散型概率分布是对具有可数或有限结果的事件进行计数，这与连续型概率分布相反，后者的结果可以落在连续体的任何地方。离散型概率分布的常见例子包括二项分布、泊松分布和伯努利分布等。这些分布经常涉及对“计数”或“多少次”事件发生的统计分析。

3.1.1　离散型概率分布的定义

如果离散型随机变量具有有限或无限的特定数值结果，离散型概率分布可以定义为对这些特定值的概率统计。也就是说，离散型概率分布给出了一个离散型随机变量的每个可能值的发生概率。

离散型概率分布代表了具有可数结果的数据，这意味着其结果可以被放入一个列表中。这个列表可以是有限的，也可以是无限的，如以下几种情况。

- 当研究一个有六个面的骰子的概率分布时，其列表为{1，2，3，4，5，6}。
- 当抛硬币猜正反面时，只有两种结果，其列表为{正面，反面}。
- 当利用泊松分布计算数值出现的频率时，结果也是离散型概率分布，其列表为{0, 1, 2 …}这种无限列表。

说明

通常情况下，离散型概率分布是指有限数据集下的离散型概率分布。

3.1.2 离散型概率分布的性质

离散型随机变量 X 的概率分布是指 X 的每个可能值的列表，以及 X 在一次试验中取该值的概率。

离散型随机变量 X 的概率分布必须满足以下两个条件：

- 每个概率 $P(X)$ 必须在 0 和 1 之间。

$$0 \leqslant P(X) \leqslant 1$$

- 所有可能的概率之和为 1。

$$\sum P(X) = 1$$

仍以掷骰子的游戏为例，若是一个正规制作的骰子，那么掷出每个面的概率相同。见表 3.1，掷出骰子的点数与其概率一一对应。

表 3.1 掷出骰子的点数和概率表

点数	1	2	3	4	5	6
概率	1/6	1/6	1/6	1/6	1/6	1/6

从表 3.1 可以看到，掷骰子满足离散型概率分布的第一个性质：

$$0 \leqslant P(\text{掷出点数1}) = \frac{1}{6} \leqslant 1$$

$$0 \leqslant P(\text{掷出点数2}) = \frac{1}{6} \leqslant 1$$

$$0 \leqslant P(\text{掷出点数3}) = \frac{1}{6} \leqslant 1$$

$$0 \leqslant P(\text{掷出点数4}) = \frac{1}{6} \leqslant 1$$

$$0 \leqslant P(\text{掷出点数5}) = \frac{1}{6} \leqslant 1$$

$$0 \leqslant P(\text{掷出点数6}) = \frac{1}{6} \leqslant 1$$

同时计算所有可能情况的概率和，其结果也满足离散型概率分布的第二个性质。

$$P(\text{掷出点数1}) + P(\text{掷出点数2}) + P(\text{掷出点数3}) + P(\text{掷出点数4}) + P(\text{掷出点数5}) + P(\text{掷出点数6}) = 1$$

3.1.3　离散型概率分布的概率质量函数

若 X 是一个离散型随机变量，并且可以列出所有 X 可能的取值，那么由 X 组成的集合可以表示为

$$S = \{x_1, x_2, x_3, \cdots, x_n\}$$

对于离散型随机变量 X，让人感兴趣的是 $X = x_i$ 的概率，即在集合 S 中寻找满足 $X = x_i$ 这一条件的所有元素组成的子集，用公式可以表示为

$$A = \{X(s) = x_i \mid s \in S\}$$

事件 A 的概率由 X 的概率质量函数（Probability Mass Function，PMF）表示。PMF 可以定义为一个函数，它给出了一个离散型随机变量 X 正好等于某个值 x_i 的概率。其公式如下：

$$F_X(x_i) = P(X = x_i)$$

其中，下标 X 表示这是随机变量 X 的 PMF。因此，PMF 是一种概率度量，它提供了一个随机变量的可能值的概率。为了更好地理解 PMF，下面介绍一个例子。

假设有一个正常的硬币，抛掷两次，所有可能的结果见表 3.2。

表 3.2　抛硬币的所有可能结果

序号	1	2	3	4
两次抛掷的结果	正面，正面	正面，反面	反面，正面	反面，反面

因此，统计两次抛掷的结果总共有三种情况：

$$A = \{\text{全是正面，一正一反，全是反面}\}$$

计算对应的 PMF 为

$$F_X(\text{全是正面}) = P(X = \text{全是正面}) = \frac{1}{4}$$

$$F_X(\text{一正一反}) = P(X = \text{一正一反}) = \frac{1}{4} + \frac{1}{4} = \frac{1}{2}$$

$$F_X(\text{全是反面}) = P(X = \text{全是反面}) = \frac{1}{4}$$

说明

这里 $x_1, x_2, x_3, \cdots, x_n$ 是随机变量 X 的可能值。虽然随机变量通常用大写字母表示，但为了表示范围内的数字，通常使用小写字母表示。

3.1.4 离散型概率分布的累积分布函数

有时，不需要计算离散型随机变量 X 等于特定值的概率，而是需要计算该变量小于或等于某个值的概率。对于这种概率，需要使用累积分布函数（cumulative distribution function，CDF）。

CDF 表示离散型随机变量小于或等于某个特定值的概率。给定一个离散型随机变量 X，其概率质量函数为

$$F_X(x_i) = P(X = x_i)$$

那么定义其累积分布函数 CDF 为

$$F_X(k) = P(X \leqslant k)$$

其中，

$$P(X \leqslant x) = \sum_{i=X_{\min}}^{x} P(X = i)$$

为了加深理解，仍以投掷骰子为例。已知掷出每个面的概率都为 1/6，若需要求 $x \leqslant 3$ 的累积分布函数，则根据公式可得

$$\begin{aligned} F_X(3) &= P(X \leqslant 3) \\ &= \sum_{i=1}^{3} P(X = i) \\ &= P(X = 1) + P(X = 2) + P(X = 3) \\ &= \frac{1}{6} + \frac{1}{6} + \frac{1}{6} \\ &= \frac{1}{2} \end{aligned}$$

3.1.5 习题

假设袋子里有3个1号小球，3个2号小球和4个3号小球，先随机从袋子里取出一个小球，求取出2号小球的PMF和CDF。

3.2 离散型概率分布的期望值

在不知道随机变量是离散的还是连续的情况下，期望值可以让人快速了解随机变量的整体情况。例如，为了计算随机变量的平均值，并不是简单地将不同的变量相加，而是通过不断地实验来获取平均值。如果实验结果是由随机变量组成，那么该结果即为所期望的。期望值是所有可能数值的加权平均值，其中数值出现的概率是权重。本节将详细介绍期望值及其性质。

3.2.1 离散型概率分布的期望值定义

对于一个离散型随机变量，其期望值的计算方法是先将随机变量的值与其相关概率相乘，再将所有的乘积求和，所得的值即为该变量的期望值。

对于随机变量的期望值有如下解释：

- 期望值被解释为加权平均。该观点认为期望值是通过“加权”乘以随机变量的每个值 x_i 来计算的，即随机变量取该值的概率 $P(x_i)$，然后对所有可能的值进行求和。这种将期望值解释为加权平均值的做法，使期望值经常被称为随机变量的平均值。
- 期望值也被解释为随机变量的长期价值。换句话说，如果多次重复基本的随机实验，并取与结果相对应的随机变量值的平均值，将得到对应的预期值。

从以上解释可以看到，期望值与随机变量的平均值有关。鉴于期望值被解释为“加权”或“长期”的平均值，期望值通常被称为随机变量的中心测量。下面通过几个实例来加深对期望值的理解。

实例1：

假设有3个量杯，如图3.1所示。这3个量杯中装的颜料的体积和被选中的概率各不相同：

- 量杯1中有300mL的颜料，被选中的概率为0.5。

- 量杯 2 中有 200mL 的颜料，被选中的概率为 0.3。
- 量杯 3 中有 500mL 的颜料，被选中的概率为 0.2。

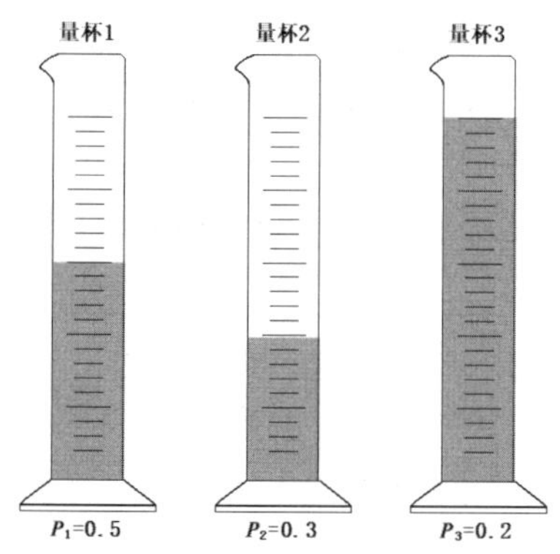

图 3.1　3 个量杯被选中的概率不同

根据公式可以计算 3 个量杯总的期望值为

$$
\begin{aligned}
E[X] &= \sum_i x_i P(x_i) \\
&= 300 \times 0.5 + 200 \times 0.3 + 500 \times 0.2 \\
&= 310
\end{aligned}
$$

说明

X 的期望值也可以用 μ_X 表示，为了统一，本书使用 $E[X]$ 表示期望值。

如果 3 个量杯被选中的概率相同，如图 3.2 所示，即

$$
P(x_1) = P(x_2) = P(x_3) = \frac{1}{3}
$$

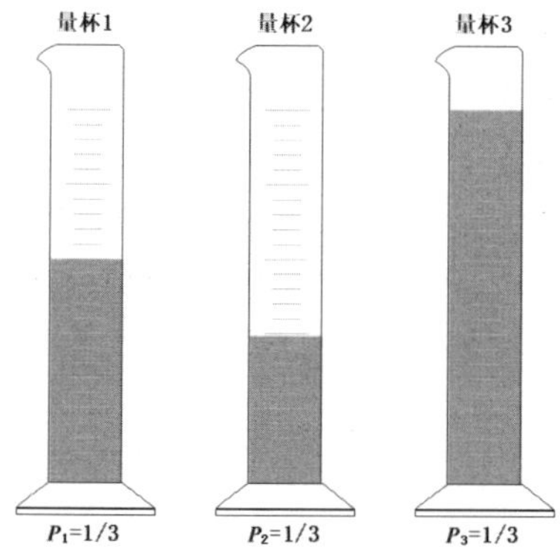

图 3.2　3 个量杯被选中的概率相同

此时新的期望值为

$$
\begin{aligned}
E[X] &= \sum_i x_i P(x_i) \\
&= 300\times\frac{1}{3}+200\times\frac{1}{3}+500\times\frac{1}{3} \\
&= 333
\end{aligned}
$$

则 3 个量杯中颜料体积的平均值为

$$\mathrm{Avg}(V)=\frac{500+200+300}{3}=333=E[X]$$

此时 3 个量杯中颜料体积的平均值与量杯期望值相等。这也就进一步证实了期望值是所有可能数值的加权平均值，当所有可能数值的概率相等时，期望值就是所有数值的平均值。

实例 2：

假设一件衣服的成本是 100 元，商家在上架前决定预售价为 180 元。在前期调研中，商家发现每 100 个人中，大约有 60 个人会买这件衣服，那么商家的预售价是否合理？

这个问题本质上是期望值的问题，可以通过是否盈利来确定预售价的合理性。因为已经有了预售价和成本，所以可以算出对应的利润空间。同时拿到了用户是否买衣服的概率，因此可以将收入和对应的概率做成表格，见表 3.3。

表 3.3　收入和概率对应表

收入/元	180-100=80	0-100=-100
概率	0.6	0.4

因此，商家的利润期望值为

$$E[X]=80\times0.6-100\times0.4=8$$

由于利润大于 0，所以单纯从利润角度来看，商家的预售价是合理的。

实例 3：

小明有定期健身的习惯，他统计了自己近几个月的健身数据，发现每周他会健身 1 天、2 天或 3 天，对应的概率见表 3.4。

表 3.4　小明每周的健身天数和概率对应表

健身天数/天	1	2	3
概率	0.6	0.3	0.1

所以，若统计小明每周的平均健身天数，可以用期望值计算：

$$
\begin{aligned}
E[X] &= \sum_i x_i P(x_i) \\
&= 1\times 0.6 + 2\times 0.3 + 3\times 0.1 \\
&= 1.5
\end{aligned}
$$

统计下来后，小明的健身频率为每周 1.5 天。

3.2.2 离散型概率分布的期望值的基本性质

现在已经了解了离散型随机变量的期望值以及如何求其期望值。在探讨期望值性质之前，可以转换一下计算期望值的思路。

先取一个简单的例子，假设一组随机变量的数值和概率见表 3.5。

表 3.5 数值概率对应表

数值	1	2	3
概率	0.6	0.3	0.1

通过公式可以计算出这组数据的期望值：

$$
\begin{aligned}
E[X] &= \sum_i x_i P(x_i) \\
&= 1\times 0.6 + 2\times 0.3 + 3\times 0.1 \\
&= 1.5
\end{aligned}
$$

若将概率作为横坐标，数值作为纵坐标，绘制的柱状图如图 3.3 所示。

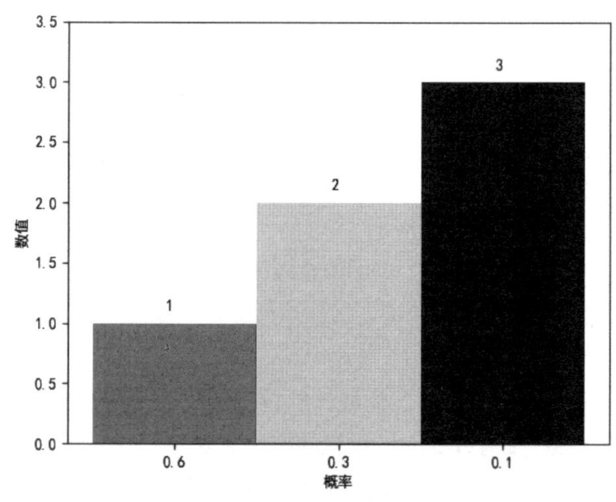

图 3.3 概率—数值柱状图

从图 3.3 中可以看出，其中三个柱体的面积和为

$$S = 1\times 0.6 + 2\times 0.3 + 3\times 0.1 = 1.5 = E[X]$$

因此，可以将离散型随机变量概率的期望值转换为概率-数值对中的面积。

对于常数 C 来说，因为常数的概率永远为 1，所以其期望值为

$$E[C] = \sum C\times P(C) = C\times 1 = C$$

面积法也很好验证，常数 C 的概率—数值柱状图如图 3.4 所示，利用面积法可以算出期望值为 C。

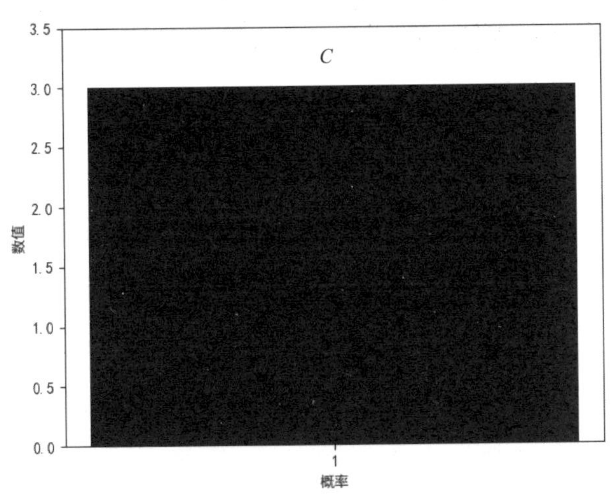

图 3.4　常数 C 的概率—数值柱状图

3.2.3　离散型概率分布的期望值的运算

作为随机变量的一种统计系数，正如其他系数一样，期望值也有计算规律。假设随机事件 X 和事件 Y 相互独立，而 C 表示常数，那么离散型概率分布的期望值满足以下运算性质：

（1）$E(C) = C$。

证明：因为常数不存在概率，因此常数的期望值是其本身。

（2）$E(X+Y) = E(X) + E(Y)$。

证明：因为事件 X 和事件 Y 是相互独立的，所以事件 X 和事件 Y 的概率互不影响，在计算期望值时，X 和 Y 的值也相互独立，故有：

$$E[X+Y] = \sum_i x_i P(x_i) + \sum_i y_i P(y_i) = E[X] + E[Y]$$

若通过柱状图面积法，则 $E[X+Y]$ 表示事件 X 和事件 Y 两个随机统计的面积和，如图 3.5 所示。

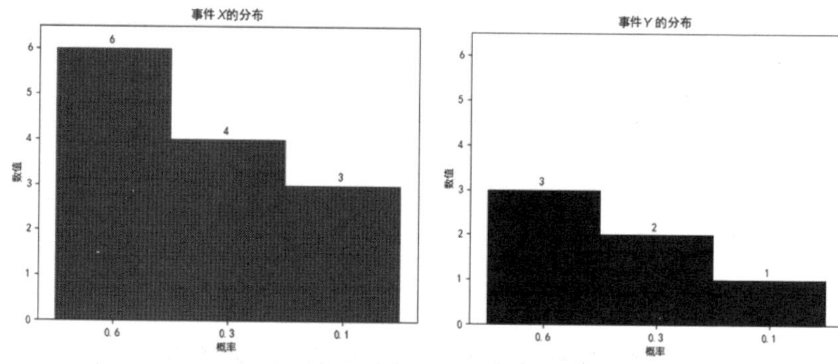

图 3.5　两个独立事件的期望值和

（3）$E(X-Y)=E(X)-E(Y)$。

证明：因为事件 X 和事件 Y 是相互独立的，因此事件 X 和事件 Y 的概率互不影响，在计算期望值时，X 和 Y 的值也相互独立，故有：

$$\begin{aligned}E[X-Y]&=\sum_i x_iP(x_i)-\sum_i y_iP(y_i)\\&=E[X]-E[Y]\end{aligned}$$

若通过柱状图面积法，则 $E[X-Y]$ 表示事件 X 和事件 Y 两个随机统计的面积差，如图 3.6 所示。

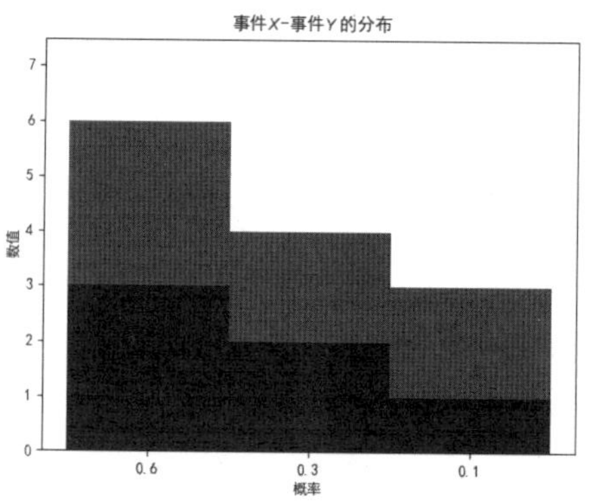

图 3.6　两个独立事件的期望值差

（4）$E(XY)=E(X)\times E(Y)$。

证明：同理，事件 X 和事件 Y 相互独立，因此事件 X 和事件 Y 的数值以及概率都互不影响，故有：

$$\begin{aligned}E[X\times Y]&=\sum_i x_iP(x_i)\times\sum_i y_iP(y_i)\\&=E[X]\times E[Y]\end{aligned}$$

（5） $E(aX+b)=a\times E(X)+b$。

证明：若对事件 X 单独增加权重和偏执，因为并没有改变事件 X 发生的概率，所以根据期望值公式，可以证明：

$$
\begin{aligned}
E[aX+b] &= \sum_i (ax_i+b)\,P(x_i) \\
&= a\sum_i x_i P(x_i)+\sum_i bP(x_i) \\
&= aE[X]+b
\end{aligned}
$$

同理可以得出以下两个结论：

$$E(aX)=a\times E(X)$$

$$E(X+b)=E(X)+b$$

注意

本章中关于事件 X 和事件 Y 期望值的相互运算，都是建立在事件 X 与事件 Y 相互独立的前提下。若事件 X 与事件 Y 不满足相互独立，那么这些公式不能成立。

3.2.4 条件期望值

在介绍条件期望值之前，先了解一下条件概率。在概率论中，条件概率是指在另一事件已经发生的前提下，对一个事件发生的概率的衡量。例如：

- 事件 A（外面下雨）的概率为 50%，那么在事件 A 的前提下，事件 B（出行带伞）的概率是多少？
- 事件 A（苹果大丰收）的概率为 70%，那么在事件 A 的前提下，事件 B（苹果降价）的概率是多少？
- 事件 A（第二天降温）的概率为 80%，那么在事件 A 的前提下，事件 B（出行穿外套）的概率是多少？

基于事件 A 发生事件 B 的条件概率可以表示为

$$P(B\mid A)=\frac{P(A\text{、}B\text{同时发生})}{P(A)}=\frac{P(A\cap B)}{P(A)}$$

说明

关于条件概率的细节，将在第 5 章中详细介绍。

条件期望值是相对于条件概率分布计算的期望值。若 X 和 Y 为两个随机变量，在给定条件 $Y=y$ 成立的前提下，所有 X 取值的加权平均值为 X 的条件期望值，用公式表示为

$$E[X \mid Y=y]=\sum_i x_i P(X=x \mid Y=y)$$
$$=\sum_i x_i \frac{P(X=x_i,Y=y)}{P(Y=y)}$$

为了方便记录，可以用集合 A 表示条件 $Y=y$ 满足时的分布空间，从而简化为

$$E[X \mid Y=y]=E[X \mid A]$$

下面通过一个实例来加深对条件期望值的理解。假设两个随机变量 X 和 Y，它们的取值见表 3.6。

表 3.6　随机变量 X 和 Y 的取值

X 取值	Y 取值
1	2
2	2
3	2
4	0
5	0

若要计算 $Y=2$ 条件下 X 的期望值，由于（X, Y）服从均匀分布，因此每对 X–Y 的概率相等，都是 0.2。根据条件期望值公式可以求得：

$$E[X \mid Y=2]=\sum_i x_i P(X=x \mid Y=2)$$
$$=1\times0.2+2\times0.2+3\times0.2$$
$$=1.2$$

说明

条件期望值除了用在特定情况下的期望值求解，还可以解释常用的最小二乘法，即最小化平方误差的期望值。关于这一部分的细节，本书中不过多讲解，感兴趣的读者可以查阅相关资料。

3.2.5　期望值存在的前提

前面讨论的都是随机变量取有限值的情况，但是对于离散型数据，概率可能会是无限数据。当概率为无限数据时，并不能保证期望值一定存在。例如，仍以抛掷硬币为例，假设现在有一个抛硬币的游戏：

- 第一次抛出的是正面，奖励 2 元；
- 前两次抛出的都是正面，奖励 4 元；
- 前三次抛出的都是正面，奖励 8 元；
- 前四次抛出的都是正面，奖励 16 元。

以此类推，投币奖励和对应的概率见表 3.7。

表 3.7　抛硬币奖励和对应的概率

奖　　励	N 次都是正面的概率
2	1/2
4	1/4
8	1/8
16	1/16
32	1/32
…	…

根据公式，计算以上随机变量的期望值为

$$
\begin{aligned}
E[X] &= \sum_i x_i P(x_i) \\
&= 2\times\frac{1}{2}+4\times\frac{1}{4}+8\times\frac{1}{8}+\cdots+2^n\times\frac{1}{2^n} \\
&= 1+1+1+\cdots+1 \\
&= +\infty
\end{aligned}
$$

这种情况因为计算值为无穷大，无法计算出特定的期望值，通常称为期望值不存在。若将上面的情况稍作改变，每次的奖励正负交替，见表 3.8。

表 3.8　抛硬币新奖励和对应的概率

奖　　励	N 次都是数字的概率
2	1/2
−4	1/4
8	1/8
−16	1/16
32	1/32
…	…

根据公式，计算以上随机变量的期望值为

$$
\begin{aligned}
E[X] &= \sum_i x_i P(x_i) \\
&= 2\times\frac{1}{2}-4\times\frac{1}{4}+8\times\frac{1}{8}-16\times\frac{1}{16}+\cdots \\
&= 1-1+1-1+\cdots \\
&= ?
\end{aligned}
$$

这种情况与无穷值的情况不同，因为期望值的结果会随着统计的终止条件而变化，称为期望值待定，也是期望值不存在的情形之一。

因此，当且仅当级数 $\sum_i x_i P(x_i)$ 的值不会因为改变求和次序而变，即级数 $\sum_i x_i P(x_i)$ 绝对收敛时，随机变量的期望值才存在。

3.2.6 习题

现有一组随机变量，其数值和概率见表 3.9，计算出这组数据的期望值。

表 3.9 随机数据的数值和概率

x	1	2	3	4
$P(X=x)$	0.1	0.2	0.3	0.4

3.3 方差和标准差

对于随机变量而言，可以通过期望值知道其加权平均值，但是只知道期望值并不能了解该变量分布的详细情况。例如，$\{-100, 0, 100\}$和$\{-1, 0, 1\}$这两组数据的期望值都是 0，但是它们内部数据间的差异性完全不同。为了描述具体数据与平均值的差异，引入了方差和标准差的概念，下面具体介绍这两个数学概念。

3.3.1 方差的定义

在概率论中，方差是指一个随机变量偏离其平均值的平方的期望值。方差是对统计数据离散程度的测量。也就是说，当数据离平均值越分散，方差越大；当数据离平均值越集中，方差越小。作为概率论的常用统计工具，方差主要用在统计推断、假设验证、数据拟合程度评估和抽样评估等方面。方差在概率论和统计学中分别有两种不同的定义。

1. 方差的概率论定义

若 X 为随机变量，并且 X 存在期望值 $\mu = E[X]$，那么 X 的方差可以用 X 中每个数值与 μ 的平方误差的期望值表示，即

$$\mathrm{Var}(X) = E[(X-\mu)^2]$$

由于 $\mu = E[X]$，因此可以将方差公式展开：

$$\begin{aligned}\mathrm{Var}(X) &= E[(X-E[X])^2] \\ &= E[X^2-2XE[X]+E[X]^2] \\ &= E[X^2]-2E[X]E[X]+E[X]^2 \\ &= E[X^2]-E[X]^2\end{aligned}$$

因此，方差也可以被认为是随机变量与自身的协方差 $\mathrm{Var}(X)=\mathrm{Cov}(X, X)$。

说明

上式中 $\mathrm{Var}(X)$ 有多种记号方式，例如 $D(X)$、$V(X)$、σ_X^2 和 σ^2。

2. 方差的统计学定义

在统计学定义中，方差表示随机变量和平均值的差异，为了避免正负差异抵消，故取均方误差作为统计学差异。假设对于随机变量 X，其期望值为 μ，那么 X 的方差可以表示为

$$\mathrm{Var}(X)=\frac{\sum(X-\mu)^2}{N}$$

其中，N 为总数目，但是通常情况下总体的平均值 μ 难以求得，因此会利用大数统计代替总数，此时的样本方差为

$$V(X)=\frac{\sum(X-\overline{X})^2}{n-1}$$

说明

上式采样分母使用 $n-1$ 表示“无偏估计”，若采用 n 表示“渐进无偏估计”，当 n 足够大时，n 与 $n-1$ 的差距不大。但是若只考虑数据的离散程度，一般使用 N 或 n。

3. 实例

下面通过几个例子来加深对方差的理解。

实例 1：

若一个篮球队的球员身高见表 3.10，求出该篮球队的球员身高的方差。

表 3.10　篮球队的球员身高表

球员	A	B	C	D	E
身高/cm	185	190	180	198	202

球队球员身高的平均值为

$$\mu = \frac{185+190+180+198+202}{5} = 191$$

根据公式可以求得方差为

$$\begin{aligned}\mathrm{Var}(X) &= \frac{\sum (X-\mu)^2}{N} \\ &= \frac{(185-191)^2+(190-191)^2+(180-191)^2}{5} \\ &\quad + \frac{(198-191)^2+(202-191)^2}{5} = 65.6\end{aligned}$$

因此，该球队球员的身高方差为 65.6。

实例 2：

假设一个工厂新进了一台生产零件的机器，现将机器投入生产。客户要求零件尺寸的方差不能大于0.01，该机器生产的10个零件的尺寸表见表3.11，请问该机器能否满足要求？

表 3.11　机器生产的 10 个零件尺寸表

零件编号	A	B	C	D	E	F	G	H	I	J
尺寸	6.62	6.65	6.66	6.54	6.71	6.65	6.70	6.58	6.69	6.72

零件尺寸的平均值为

$$\mu = \frac{6.62+6.65+6.66+6.54+6.71}{10} + \frac{6.65+6.7+6.58+6.69+6.7}{10} = 6.65$$

根据公式可以求得方差为

$$\begin{aligned}\mathrm{Var}(X) &= \frac{\sum (X-\mu)^2}{N} \\ &= \frac{\sum (X-6.65)^2}{10} \\ &= 0.00282\end{aligned}$$

由于最终生产零件的方差小于 0.01，因此该机器能够满足要求。

3.3.2　方差的性质

方差是对数据离散程度的统计测量。更具体地说，方差衡量的是数据集中的每个数值离平均值有多远。既然方差是指实际数据与平均值的偏差，或者是实际数据与标准数据之间的差异，那么可以通过画图来直观地感受一下方差的特性，这样方便理解方差的很多性质。平均值相同、方差不同的两组数据如图3.7所示。从图3.7中可以看出，两组数据的均值都是0，也可以通过数据的平均宽度判断其方差的大小。其中，深色数据相对较为紧凑（瘦），方差较小；浅色数据相对较为分散（胖），方差较大。

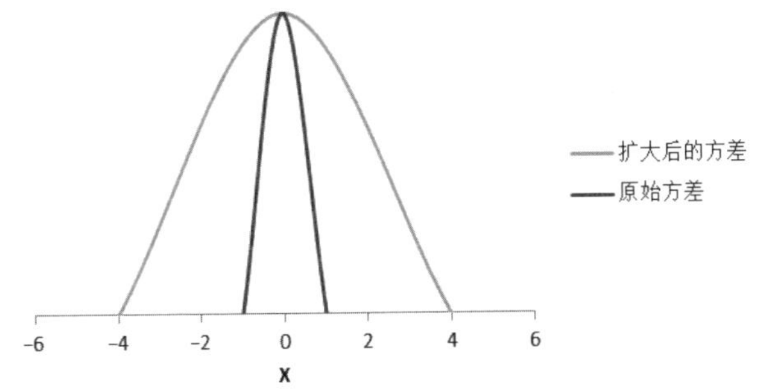

图3.7　平均值相同、方差不同的两组数据

作为描述统计分布的一个测量维度，假设两个随机事件 X 和事件 Y 相互独立，而 A、B、C 为常数，那么方差具有以下运算性质：

（1）$\text{Var}(X) \geqslant 0$。

证明：因为方差是数值与平均值的平方误差，因此对任意方差都大于或等于0。

（2）$\text{Var}(C) = 0$。

证明：因为常数不存在分布且均值是其本身，根据公式：

$$\text{Var}(C) = E[(C - E[C])^2] = 0$$

因此常数的方差为0。

（3）$\text{Var}(CX) = C^2\text{Var}(X)$。

证明：由于方差计算的是平方误差，因此数值扩大C倍时，方差扩大C^2倍。

$$\begin{aligned}\text{Var}(CX) &= E[(CX - E[CX])^2] \\ &= C^2 E[(X - E[X])^2] \\ &= C^2\text{Var}(X)\end{aligned}$$

若将数据绘制成曲线，则方差扩大了 C^2 倍，如图3.8所示。

（4）$\text{Var}(X + C) = \text{Var}(X)$。

证明：数据整体增加数值并不会改变其与平均值的差异变化。

$$\begin{aligned}\text{Var}(X + C) &= E[(X + C - E[X + C])^2] \\ &= E[(X - E[X])^2] \\ &= \text{Var}(X)\end{aligned}$$

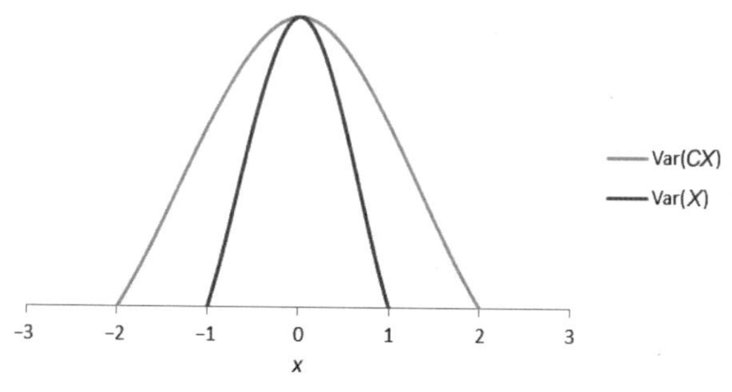

图 3.8　数值和方差扩大的对应倍数

若将数据绘制成曲线，则数据平移后方差不变，如图 3.9 所示。

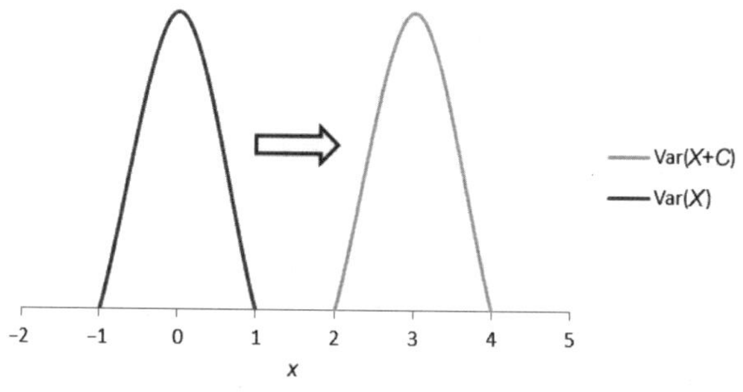

图 3.9　数据平移后方差不变

（5）$\mathrm{Var}(X \pm Y) = \mathrm{Var}(X) + \mathrm{Var}(Y)$。

证明：因为随机变量 X 和 Y 相互独立，因此 X 和 Y 在数据叠加时互不影响。

$$\begin{aligned}
\mathrm{Var}(X \pm Y) &= E[((X \pm Y) - E[X \pm Y])^2] \\
&= E[(X - E[X]) \pm (Y - E[X \pm Y]))^2] \\
&= E[(X - E[X])^2] + E[(Y - E[Y])^2] \\
&\quad \pm 2E[(X - E[X])(Y - E[Y])] \\
&= E[(X - E[X])^2] + E[(Y - E[Y])^2] \\
&= \mathrm{Var}(X) + \mathrm{Var}(Y)
\end{aligned}$$

注意

当随机变量 X 和 Y 不能满足相互独立的条件时，上式不成立，应该增加 X 和 Y 的协方差系数，即 $\mathrm{Var}(X \pm Y) = \mathrm{Var}(X) + \mathrm{Var}(Y) \pm 2\mathrm{Cov}(X, Y)$。

（6）$\mathrm{Var}(AX \pm BY) = A^2\mathrm{Var}(X) + B^2\mathrm{Var}(Y)$。

证明：因为随机变量 X 和 Y 相互独立，并且满足以下公式

$$\mathrm{Var}(AX) = A^2\mathrm{Var}(X)$$

$$\mathrm{Var}(BX) = B^2\mathrm{Var}(X)$$

$$\mathrm{Var}(X \pm Y) - \mathrm{Var}(X) + \mathrm{Var}(Y)$$

因此

$$\begin{aligned}\mathrm{Var}(AX \pm BY) &= \mathrm{Var}(AX) + \mathrm{Var}(BY) \\ &= A^2\mathrm{Var}(X) + B^2\mathrm{Var}(Y)\end{aligned}$$

注意

当随机变量 X 和 Y 不能满足相互独立的条件时，上式不成立，此时应该增加 X 和 Y 的协方差系数，即 $\mathrm{Var}(AX \pm BY) = A^2\mathrm{Var}(X) + B^2\mathrm{Var}(Y) \pm 2AB\mathrm{Cov}(X, Y)$。

3.3.3 协方差的定义和性质

在统计学中，协方差是对两个随机变量之间关系的一种衡量。该指标评估了变量一起变化的程度。也就是说，协方差本质上是对两个变量之间的变异的衡量，但并不评估变量之间的依赖关系。与相关系数不同，协方差是以单位衡量的，单位的计算方法是将两个变量的单位相乘。

- 若两个变量的变化方向一致，如一个变量变大且大于期望值，另一个变量也变大且大于期望值；或者一个变量变小且小于期望值，另一个变量也变小且小于期望值，那么这两个变量的协方差为正。
- 若两个变量的变化方向相反，如一个变量变大且大于期望值，另一个变量变小且小于期望值，那么这两个变量的协方差为负。

1. 协方差的定义

两个随机变量的协方差是一个群体参数，可以看作是联合概率分布的一个属性。协方差同样在概率论和统计学中分别有两种不同的定义。

1）协方差的概率论定义

在概率论定义中，若 X 和 Y 为两个随机变量，对应的期望值为 $E[X]$ 和 $E[Y]$，那么协方差可被定义为它们偏离各自期望值的乘积的期望值：

$$\mathrm{Cov}(X, Y) = E[(X - E[X])(Y - E[Y])]$$

方差可以理解为一种特殊的协方差 $\mathrm{Var}(X) = \mathrm{Cov}(X, X)$。

说明

上式中 $\mathrm{Cov}(X)$ 有多种记号方式，如 σ_{XY} 或 $\sigma(X, Y)$。

协方差的计算也可以简化：

$$\begin{aligned}\mathrm{Cov}(X,\ Y) &= E[(X-E[X])(Y-E[Y])] \\ &= E[X,\ Y]-2E[X]E[Y]+E[X]E[Y] \\ &= E[X,\ Y]-E[X]E[Y]\end{aligned}$$

2）协方差的统计学定义

在统计学定义中，协方差表示两个随机变量和平均值的差异的积，具体的计算公式为

$$\mathrm{Cov}(X,\ Y)=\frac{\sum(X_i-\overline{X})(Y_i-\overline{Y})}{n}$$

若随机变量 X 和 Y 的数量巨大，可以采用无偏估计的样本采样，此时协方差可以定义为

$$\mathrm{Cov}(X,\ Y)=\frac{\sum(X_i-\overline{X})(Y_i-\overline{Y})}{n-1}$$

因此，若随机变量 X 和 Y 相互独立，那么 X 与 Y 的数据变化趋势没有相关性，此时的协方差 $\mathrm{Cov}(X,\ Y)=0$ 。

下面通过一个实例来加深对协方差的理解。

假设有 A、B 两组数据，具体数值见表 3.12，试计算这两组数据的协方差。

表 3.12　*A*、*B* 两组数据的数值

A	1	2	3
B	4	5	6

计算两组数据的期望值：

$$E[A]=\frac{1+2+3}{3}=2$$

$$E[B]=\frac{4+5+6}{3}=5$$

$$E[AB]=\frac{1\times4+2\times5+3\times6}{3}=\frac{32}{3}$$

根据公式可以计算出数据 A 和数据 B 的协方差

$$\begin{aligned}\mathrm{Cov}(A,\ B) &= E[A,\ B]-E[A]E[B] \\ &= \frac{32}{3}-2\times5=\frac{2}{3}>0\end{aligned}$$

数据 A 和数据 B 的协方差为正，表示数据 A、B 的变化趋势一致，这与数据 A、B 都是单调增规律一致。

2. 协方差的性质

若 X、Y 为随机变量，a、b 为实数，那么作为统计两个数据差异性的指标与方差类似，则协方差具有以下性质：

- $\mathrm{Cov}(X, Y) = \mathrm{Cov}(Y, X)$。
- $\mathrm{Cov}(aX, bY) = ab\mathrm{Cov}(X, Y)$。
- $\mathrm{Cov}(X + a, Y + b) = \mathrm{Cov}(X, Y)$。
- $\mathrm{Cov}(X_1 + X_2, Y) = \mathrm{Cov}(X_1, Y) + \mathrm{Cov}(X_2, Y)$。

说明

为了抵消因随机变量 X、Y 的量级差异引入的偏差，通常会对协方差归一化，称为相关系数，其计算公式为 $\rho_{XY} = \dfrac{\mathrm{Cov}(X, Y)}{\sqrt{\mathrm{Var}(X)}\sqrt{\mathrm{Var}(Y)}}$。关于这一部分的详细内容，本书不作过多讲解，感兴趣的读者可以查阅相关资料或联系本书作者。

3.3.4 标准差的定义

方差作为离散度的测量方法的一个优点是，它比其他离散度的测量方法（如预期绝对偏差）更容易进行代数操作。但是方差在实际应用中也存在一个比较大的缺陷，即它的单位与随机变量不同，这就是为什么标准差在计算完成后更多地被报告为分散度的度量。

标准差也是一个衡量数据集相对于其平均值的分散程度的统计数字，其计算方法为方差的平方根。在统计学中，标准差表明数值倾向于接近这组数值的平均值的程度，高标准差表示数值分散在较大的范围内；低标准差表示数值集中在较小的范围内。作为方差的算术平方根，标准差可以通过以下两个公式求得：

$$\sigma = \sqrt{E[X^2] - E[X]^2}$$

$$\sigma = \sqrt{\frac{\sum (X - \mu)^2}{N}}$$

说明

标准差时也用 s 表示。在物理实验中，通常会统计数据的平均值和上下允许波动的误差。这个误差就是标准差的平均值，可通过公式算得 $\sigma_n = \dfrac{\sigma}{\sqrt{n}}$。

下面通过几组实例来加深对标准差的理解。

实例 1：

假设小红买回来一箱西瓜，质量见表 3.13，试计算这箱西瓜的标准差。

表 3.13　西瓜的重量

西瓜编号	A	B	C	D
重量/kg	4	5	6	5

首先计算西瓜质量的平均值：

$$\mu=\frac{4+5+6+5}{4}=5$$

根据公式可以求出这箱西瓜的标准差为

$$\begin{aligned}\sigma&=\sqrt{\frac{\sum(X-\mu)^2}{N}}\\&=\sqrt{\frac{(4-5)^2+(5-5)^2+(6-5)^2+(5-5)^2}{4}}\\&=\sqrt{\frac{1}{2}}\end{aligned}$$

由于标准差和数据的单位一样，所以这箱西瓜的标准差为 $\sqrt{\frac{1}{2}}$ kg。

实例 2：

假设一个工厂新进了一台生产零件的机器，现将机器投入生产。客户要求零件尺寸的标准差不能大于 0.1，该机器生产的 10 个零件的尺寸表见表 3.11，请问该机器能否满足要求？

零件尺寸的平均值为

$$\mu=\frac{6.62+6.65+6.66+6.54+6.71}{10}+\frac{6.65+6.7+6.58+6.69+6.7}{10}=6.65$$

根据公式可以求得标准差为

$$\sigma=\sqrt{\frac{\sum(X-\mu)^2}{N}}=\sqrt{\frac{\sum(X-6.65)^2}{10}}=0.053$$

由于最终生产零件的标准差小于 0.1，因此该机器能够满足要求。

3.3.5　标准差的性质

标准差是衡量一组数据与平均值的离散程度或偏离程度。它描述的是分布的绝对变异性。由于标准差是方差的算术平方根，因此可以根据方差的性质推断出标准差的很多性质。

作为描述统计分布的一个测量维度，假设两个随机事件 X 和 Y 相互独立，而 A、B、C 为常数，那么标准差具有以下运算性质：

（1）$\sigma \geqslant 0$。

证明：任意方差均大于或等于 0，因此标准差都大于或等于 0。

（2）$\sigma(C)=0$。

证明：因为常数不存在分布且平均值是其本身，根据公式

$$\sigma(C)=\sqrt{\mathrm{Var}(C)}=\sqrt{E[(C-E[C])^2]}=0$$

可知常数的标准差为 0。

（3）$\sigma(CX)=C\sigma(X)$。

证明：由于方差计算的是平方误差，因此数值扩大 C 倍时，方差扩大 C^2 倍。而标准差是方差的算术平方根，因此标准差扩大了 C 倍。

$$\begin{aligned}\sigma(CX)&=\sqrt{\mathrm{Var}(CX)}\\&=\sqrt{C^2\mathrm{Var}(X)}\\&=C\sqrt{\mathrm{Var}(X)}\\&=C\sigma(X)\end{aligned}$$

（4）$\sigma(X+C)=\sigma(X)$。

证明：数据整体增加数值并不会改变其与平均值的差异变化。

$$\begin{aligned}\sigma(X+C)&=\sqrt{\mathrm{Var}(X+C)}\\&=\sqrt{\mathrm{Var}(X)}\\&=\sigma(X)\end{aligned}$$

说明

由于标准差是对方差的算术平方根，因此标准差的运算不能满足分配律和结合律。

3.3.6 习题

现有一家服装公司，公司半年内每月的利润见表 3.14，试计算这家公司半年内利润的方差和标准差。

表 3.14 公司半年内每月的利润表

月份	1 月	2 月	3 月	4 月	5 月	6 月
利润/万元	4.5	5.6	10.1	7.8	1.2	3.6

3.4 常见的离散型概率分布

在本章前面几节中，已经了解了离散型概率分布的定义及离散型期望值、方差和标准差等基本性质。本节将介绍几种常见的离散型概率分布。

3.4.1 伯努利分布

伯努利分布是以数学家伯努利命名的一种离散型概率分布。在伯努利分布中，随机变量只有 0 和 1 两种取值，数值取 1 的概率为 p，取 0 的概率为 q。对于伯努利分布，可以从下面几个维度介绍。

（1）参数范围。

$$0 \leqslant p \leqslant 1$$

$$q = 1 - p$$

（2）PMF。

$$F_X(x) = p^x(1-p)^{1-x} = \begin{cases} p & x=1 \\ q & x=0 \end{cases}$$

（3）CDF。

$$F_X(k) = \begin{cases} 0 & k<0 \\ 1-p & 0 \leqslant k \leqslant 1 \\ 1 & k \geqslant 1 \end{cases}$$

（4）期望值。

$$E[X] = 0 + p = p$$

（5）方差。

$$\mathrm{Var}(x) = p(1-p) = pq$$

抛硬币游戏是经典的伯努利分布。Scipy 是一个用来统计和计算的开源 Python 库，内置了很多线性代数和概率分布。关于伯努利分布，可以直接利用 Scipy 库来实现。示例代码如下。

代码 3.1　伯努利分布：Bernoulli_Distribution.py

```
import numpy as np
import matplotlib.pyplot as plt
from scipy.stats import bernoulli

plt.rcParams['font.sans-serif']=['SimHei']
plt.rcParams['axes.unicode_minus'] = False

def Bernoulli_Distribution():
    #抛硬币，结果是 1 或 0
    x = np.arange(0,2,1)
    #每次出现的概率
    p = 0.5
```

```
#输出伯努利的方差、PMF、CDF和标准差
b_var= bernoulli.var(p)
b_pmf = bernoulli.pmf(x, p)
b_cdf = bernoulli.cdf(x, p)
b_std = bernoulli.std(p)
print(f"伯努利分布的方差为: {b_var}")
print(f"伯努利分布的 PMF 为: {b_pmf}")
print(f"伯努利分布的 CDF 为: {b_cdf}")
print(f"伯努利分布的标准差为: {b_std}")
#绘制 PMF 曲线
plt.vlines(x, 0, b_pmf, color='red')
plt.vlines(x, 0, b_pmf)
plt.xlabel('抛硬币')
plt.ylabel('概率')
plt.title('伯努利分布: p=%0.2f' % p)
plt.show()
```

输出结果为：

```
伯努利分布的方差为: 0.25
伯努利分布的 PMF 为: [0.5 0.5]
伯努利分布的 CDF 为: [0.5 1. ]
伯努利分布的标准差为: 0.5
```

绘制的伯努利分布的 PMF 曲线如图 3.10 所示。

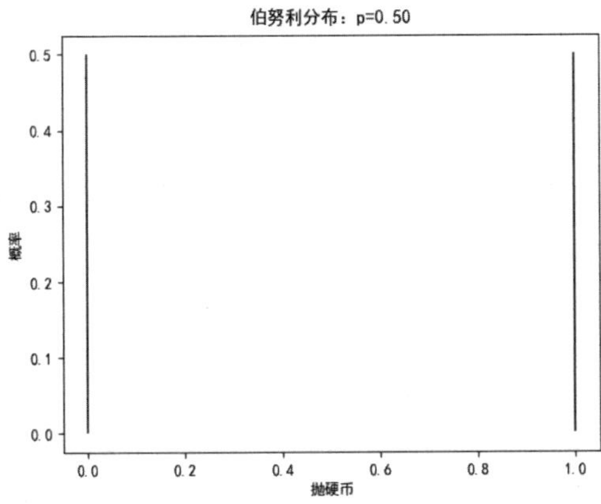

图 3.10 伯努利分布的 PMF 曲线

3.4.2 二项分布

二项分布表示 n 个 0—1 分布，即有 n 个相互独立的实验，每个实验中数值取 1 的概率为 p，取 0 的概率为 q。当 $n=1$ 时，二项分布为伯努利分

布。因此，二项分布可以看作 n 次独立重复的伯努利分布。对于二项分布，可以从下面几个维度介绍。

（1）参数范围。

$$n \in \{1, 2, 3, 4, \cdots\}$$
$$0 \leqslant p \leqslant 1$$
$$q = 1 - p$$

（2）PMF

$$F_X(x) = \binom{n}{k} p^x (1-p)^{1-x} \tag{3.1}$$

说明

式（3.1）中 $\binom{n}{k}$ 为二项式系数，可以通过 $\binom{n}{k} = \frac{n!}{k!(n-k)!}$ 计算，也可记作 C_n^k。

（3）CDF。

$$F_X(n, p) = \sum_{i=0}^{[X]} \binom{n}{i} p^i (1-p)^{n-i}$$

（4）期望值。

$$E[X] = np$$

（5）方差。

$$\mathrm{Var}(x) = np(1-p) = npq$$

因为二项分布可以看作是 n 次独立重复的伯努利分布，所以可以构建 n 次抛硬币游戏。示例代码如下。

代码 3.2　二项分布：Binomial_Distribution.py

```
import numpy as np
import matplotlib.pyplot as plt
from scipy.stats import binom

plt.rcParams['font.sans-serif']=['SimHei']
plt.rcParams['axes.unicode_minus'] = False

def Binom_Distribution():
    #抛硬币的次数
    n = 6
    #抛硬币，结果是 1 或 0
    x=np.arange(1,n+1,1)
    #每次出现的概率
    p = 0.5
```

```
#输出二项分布的方差、PMF、CDF 和标准差
b_var= binom.var(n, p)
b_pmf = binom.pmf(x, n, p)
b_cdf = binom.cdf(x, n, p)
b_std = binom.std(n, p)
print(f"二项分布的方差为: {b_var}")
print(f"二项分布的 PMF 为: {b_pmf}")
print(f"二项分布的 CDF 为: {b_cdf}")
print(f"二项分布的标准差为: {b_std}")
#绘制 PMF 曲线
plt.vlines(x, 0, b_pmf, color='red')
plt.xlabel('抛 6 次硬币')
plt.ylabel('概率')
plt.title('二项分布: p=%0.2f' % p)
plt.show()
```

输出结果为：

```
二项分布的方差为: 1.5
二项分布的 PMF 为: [0.09375  0.234375 0.3125   0.234375 0.09375
0.015625]
二项分布的 CDF 为: [0.109375 0.34375  0.65625  0.890625 0.984375
1.       ]
二项分布的标准差为: 1.224744871391589
```

绘制的二项分布的 PMF 曲线如图 3.11 所示。

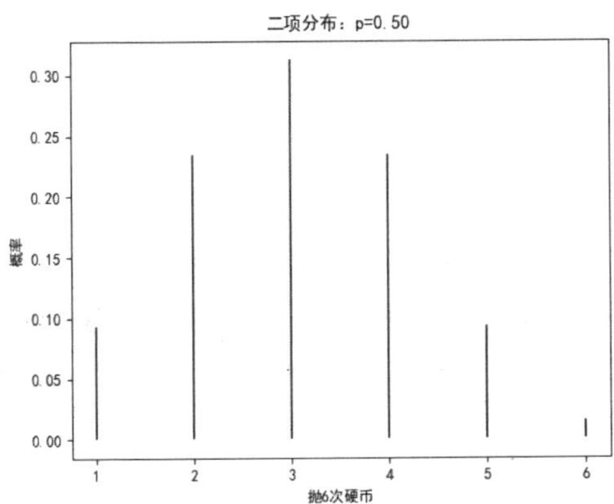

图 3.11　二项分布的 PMF 曲线

3.4.3　几何分布

几何分布表示多次相互独立的伯努利分布中，第 k 次成功了，即前 k-1

次都失败了。对于几何分布，可以从下面几个维度介绍。

（1）参数范围

$$0 \leqslant p \leqslant 1$$

$$q = 1 - p$$

（2）PMF。

$$F_X(x) = p(1-p)^{k-1}$$

几何分布通常有两种解释方式：在多次伯努利实验中，得到一次成功需要 k 次；在多次伯努利实验中，终于成功之前失败了 k 次。这两种需求根据实际情况使用，因此几何分布的 PMF 也计算为

$$F_X(x) = p(1-p)^k$$

（3）CDF。

$$F_X(k, p) = 1-(1-p)^k$$

与 PMF 类似，几何分布的 CDF 也计算为

$$F_X(k, p) = 1-(1-p)^{k+1}$$

（4）期望值。

$$E[X] = \frac{1}{p}$$

同样地，几何分布的期望值也可计算为

$$E[X] = \frac{1-p}{p}$$

（5）方差。

$$\mathrm{Var}(x) = \frac{1-p}{p^2}$$

因此，几何分布可以是 k 次独立的伯努利分布。现在可以构建 k 次抛硬币，并且前 k-1 次都是反面，第 k 次是正面的游戏。Python 代码实现如下。

代码 3.3　几何分布：Geometric _Distribution.py

```
import numpy as np
import matplotlib.pyplot as plt
from scipy.stats import geom

plt.rcParams['font.sans-serif']=['SimHei']
plt.rcParams['axes.unicode_minus'] = False

def Geometric_Distribution():
    #抛硬币，第 n 次才到正面
```

```
k = 6
#抛硬币，结果是 1 或 0
x=np.arange(1,k+1,1)
#每次出现的概率
p = 0.5
#输出几何分布的方差、PMF、CDF 和标准差
b_var= geom.var(p)
b_pmf = geom.pmf(x, p)
b_cdf = geom.cdf(x, p)
b_std = geom.std(p)
print(f"几何分布的方差为：{b_var}")
print(f"几何分布的 PMF 为：{b_pmf}")
print(f"几何分布的 CDF 为：{b_cdf}")
print(f"几何分布的标准差为：{b_std}")
#绘制 PMF 曲线
plt.vlines(x, 0, b_pmf, color='red')
plt.xlabel('抛硬币，第 6 次才正面')
plt.ylabel('概率')
plt.title('几何分布：p=%0.2f' % p)
plt.show()
```

输出结果为：

```
几何分布的方差为：2.0
几何分布的 PMF 为：[0.5      0.25      0.125      0.0625      0.03125
0.015625]
几何分布的 CDF 为：[0.5      0.75      0.875      0.9375      0.96875
0.984375]
几何分布的标准差为：1.4142135623730951
```

绘制的几何分布的 PMF 曲线如图 3.12 所示。

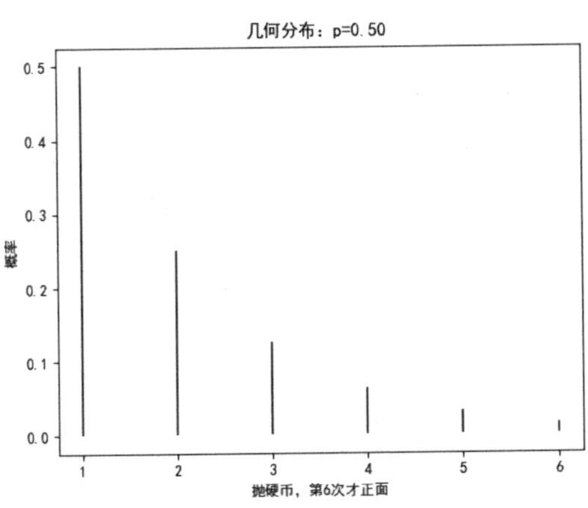

图 3.12　几何分布的 PMF 曲线

3.4.4 泊松分布

泊松分布是以数学家 Siméon Denis Poisson 命名的一种离散型概率分布，用来描述单位时间内随机事件发生的次数的概率分布。例如，通话次数、地震次数、车站客流量等都可以用泊松分布来描述。对于泊松分布，可以从下面几个维度介绍。

（1）参数范围。

$$\lambda > 0$$
$$k \in \{0, 1, 2, 3, \cdots\}$$

其中，λ 是单位时间内随机事件发生的平均次数；k 是变量的值。

（2）PMF。

$$F_X(x) = \frac{\lambda^k}{k!}\mathrm{e}^{-\lambda}$$

（3）CDF。

$$F_X(k, \lambda) = \mathrm{e}^{-\lambda}\sum_{i=0}^{\lfloor k \rfloor}\frac{\lambda^i}{i!}$$

其中，$\lfloor k \rfloor$ 是取整符号，表示小于 k 的最大整数。

（4）期望值。

$$E[X] = \frac{1}{p}$$

（5）方差。

$$\mathrm{Var}(x) = \lambda$$

因此，泊松分布可以是 k 次独立的伯努利分布。假设一个球员练习投篮，平均 1 分钟能投进 6 个球，若要计算该球员 1 分钟投进 10 个球的概率，就可以用到泊松分布。示例代码如下。

代码 3.4 泊松分布：Poisson _Distribution.py

```
import numpy as np
import matplotlib.pyplot as plt
from scipy.stats import poisson

plt.rcParams['font.sans-serif']=['SimHei']
plt.rcParams['axes.unicode_minus'] = False

def Poissonetric_Distribution():
    #球员平均 1 分钟能投进 6 个球
```

```
m = 6
#投进 10 个球的概率
k = 10
x=np.arange(1,k+1,1)
#输出泊松分布的方差、PMF、CDF 和标准差
b_var= poisson.var(m)
b_pmf = poisson.pmf(x, m)
b_cdf = poisson.cdf(x, m)
b_std = poisson.std(m)
print(f"泊松分布的方差为：{b_var}")
print(f"泊松分布的 PMF 为：{b_pmf}")
print(f"泊松分布的 CDF 为：{b_cdf}")
print(f"泊松分布的标准差为：{b_std}")
#绘制 PMF 曲线
plt.vlines(x, 0, b_pmf, color='red')
plt.xlabel('1min 内投进 10 个球')
plt.ylabel('概率')
plt.title('泊松分布：k=%d' % k)
plt.show()
```

输出结果为：

```
泊松分布的方差为：6.0
泊松分布的 PMF 为：[0.01487251 0.04461754 0.08923508 0.13385262
0.16062314 0.16062314 0.13767698 0.10325773 0.06883849
0.04130309]
泊松分布的 CDF 为：[0.01735127 0.0619688  0.15120388 0.2850565
0.44567964 0.60630278 0.74397976 0.84723749 0.91607598
0.95737908]
泊松分布的标准差为：2.449489742783178
```

绘制的泊松分布的 PMF 曲线如图 3.13 所示。

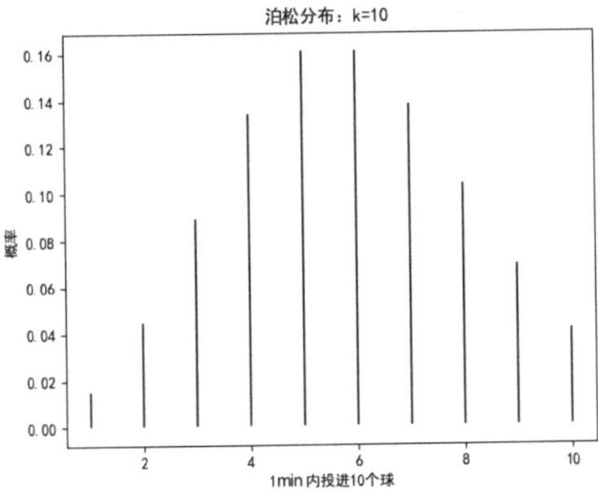

图 3.13　泊松分布的 PMF 曲线

3.4.5 习题

假设有一个不规则的硬币，抛掷时，出现正面和反面的概率见表 3.15，求出这枚硬币的伯努利分布和 $n = 3$ 的二项分布，并用 Python 绘制其 PMF 曲线。

表 3.15 不规则硬币抛掷的概率

情形	正面	反面
概率	0.8	0.2

3.5 温故而知新

学完本章后，读者可深度回答以下问题：

- 什么是离散型概率分布？
- 离散型随机变量的 PMF 和 CDF 分别指的是什么？
- 离散型随机变量的期望值是什么？
- 期望值有哪些性质？
- 什么情况下不存在期望值？
- 方差和标准差是用来描述什么的？
- 什么是协方差？协方差有哪些性质？
- 比较常见的离散型概率分布有哪些？它们之间的关系及区别有哪些？

第 4 章　连续型概率分布

在统计学中，除了非黑即白，非 1 即 2 的离散型概率分布，还存在一种更普遍的实数化的分布——连续型概率分布，如均匀分布、指数分布和正态分布等。连续型概率分布是由连续变量组成的。具体来说，如果一个随机变量是连续的，那么它有一个连续型概率分布。

连续型概率分布描述的是一种处理连续类型数据或随机变量的分布类型。离散型概率分布是指数据只能对应某一具体数值的分布，而连续型分布是指数据可以在指定范围内对应任何数值的分布，并且这个范围可以是无限的。对于离散型概率分布来说，每个数值有对应的概率。相比之下，连续型分布有无限的可能值，并且连续型分布的任何特定值相关的概率为 0。因此，连续型分布通常用概率密度函数来描述，表示一个值落在某个范围内的概率。本章将具体讲解连续型概率分布的相关内容。

本章主要涉及以下知识点。

- 连续型概率分布简介：连续型概率分布的定义及其性质。
- 连续型概率分布的期望值：连续型概率分布的期望值的定义、基本性质、运算和混合型期望值。
- 方差和标准差：连续型概率分布的方差和标准差的定义、性质和运算。
- 常见的连续型分布：均匀分布、指数分布、正态分布和柯西分布。

4.1　连续型概率分布简介

连续型分布的取值范围是无限的，因此是无法计算的。例如，时间是无限的，可以是 0s、1s、10s、1 万 s、1 万亿 s 等。而离散型概率分布有一个可计算的数值范围。例如，同样表示时间的月数，只能是 1～12 的整数。

原则上，如身高、体重和温度等变量都是连续的。但实际上，因测量仪器的局限性，将数值限制在一个离散的范围内（虽然有时细分度可以非常高）。尽管如此，连续的数学模型通常能有效地近似真实世界的情况。

在机器学习中会遇到连续型概率分布，如回归模型的输入和输出以及模型的误差。在许多机器学习模型的参数估计中，通常需要正态连续型概率分布的知识。

4.1.1 连续型概率分布的定义

在定义连续型概率分布之前，先来看一个简单的例子。假设一辆汽车以 60km/h 的速度在路上行驶，即 60s 汽车前进 1km。汽车行驶的距离和速度随时间的变化图如图 4.1 所示。

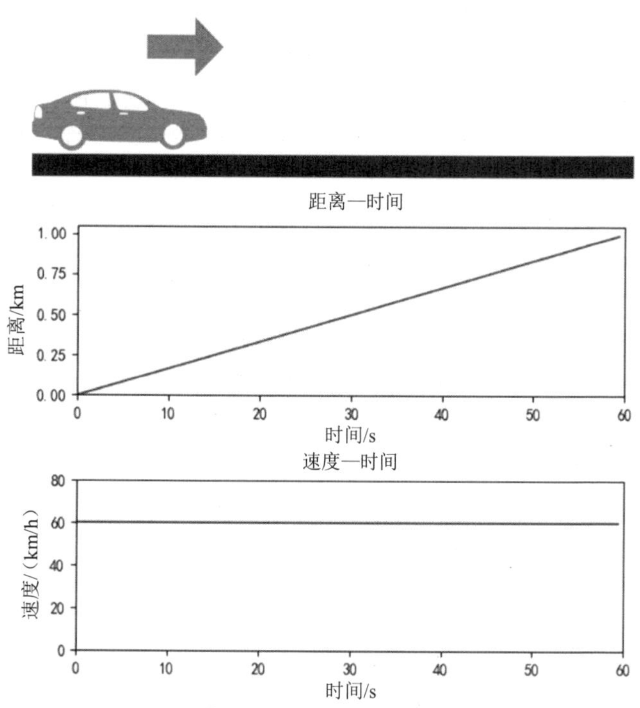

图 4.1　汽车行驶的距离和速度随时间的变化图

用 x 表示时间，$f(x)$ 表示汽车的速度，$F(x)$ 表示汽车行驶的距离。由距离推断速度，可以通过微分的方式计算：

$$f(x)=F'(x)=\frac{\mathrm{d}F(x)}{\mathrm{d}x}$$

同样，由速度推断距离可以通过积分的方式计算：

$$\int_a^b f(x)\mathrm{d}x=F(b)-F(a)$$

由于汽车从起点出发，开始的行驶距离为 0，所以可以认为

$$\lim_{x \to -\infty} F(a) = 0$$

因此上式可以简化为

$$F(b) = \int_{-\infty}^{b} f(x)\mathrm{d}x$$

根据微积分的性质，可以得出以下结论：

$$F(x) = \int_{a}^{b} f(x) \times x$$

即速度时间曲线与 X 轴组成图形的面积。

说明

在介绍连续型概率分布时，会多次用到微积分的知识。通俗来讲，微分表示数据的变化率或切线的斜率，而积分表示线段与 X 轴组成的图形面积。关于微积分的细节，本书不进行过多讲解。本书在介绍概率和推敲公式时，没有论证积分是否存在的数学问题。这种不严谨的态度是不可取的，为了重点讲解连续性概率，还望读者能够给予理解。

由于汽车行驶的距离可以是 0.1km，0.11km，0.111km…无限下去，并且最终的距离为 1km，因此可以暂时将汽车行驶的距离类比为连续型概率分布，而汽车的实时速度可以类比为概率密度函数（关于概率密度函数的详细内容，将在 4.1.3 小节详细介绍）。已知距离和速度存在对应关系后，选取其中某一时刻，如图 4.2 所示，在第 30s 时，汽车行驶的距离为 0.5km。

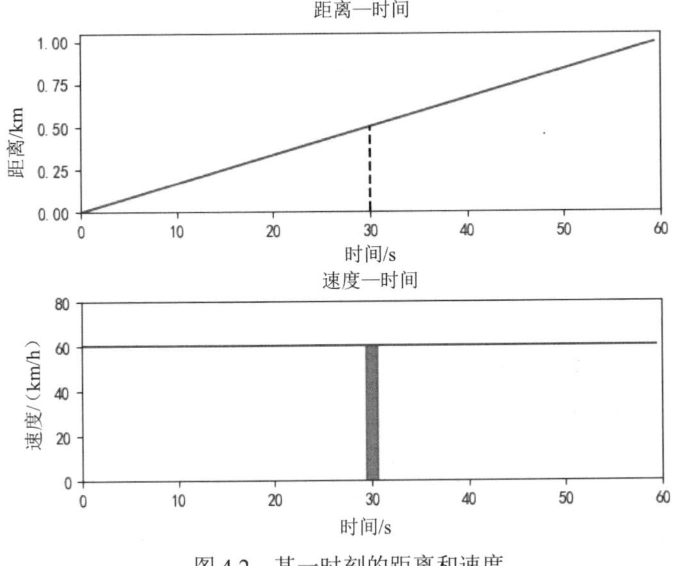

图 4.2 某一时刻的距离和速度

如果需要统计汽车恰好在 30s 时的概率 $P(X=30)$ 是多少呢？根据以上

微积分的推理，在速度—时间曲线中，$X=30$ 这个时刻对应于时间在 X 轴上的宽度为 0，因此图形面积为 0，从而：

$$P(X=30)=0$$

相应地，在其他时刻也可以得出以下类似的结论：

$$P(X=10)=0$$

$$P(X=20)=0$$

$$P(X=35)=0$$

$$P(X=60)=0$$

$$\cdots$$

因此，读者可能会推断出，如果从 20s 到 30s 任意时间点的概率都为 0，那么在 20～30s 这个时间区间的概率应该也为 0。20～30s 的概率如图 4.3 所示。

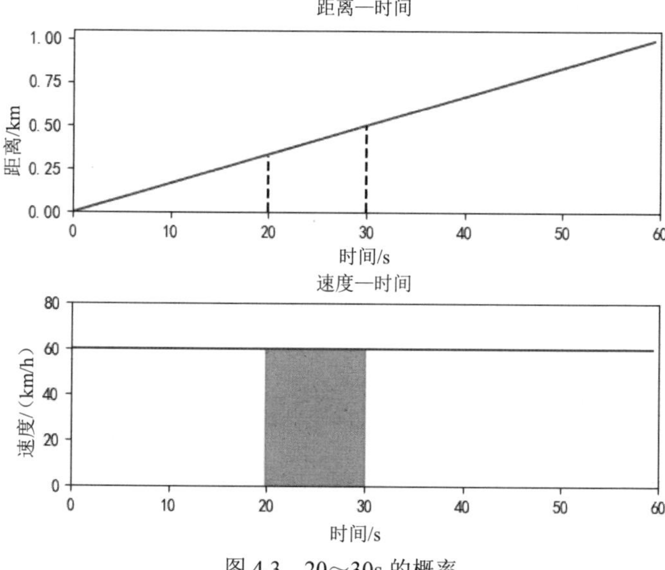

图 4.3　20～30s 的概率

根据积分面积法，可以推出 20～30s 的距离（概率）为

$$P=\frac{60\times(30-20)}{3600}=\frac{1}{6}$$

如果无法理解数值由 0 到 1/6 的变化，可以尝试转换思维方式。对于连续型随机变量，其概率可以通过相对应的概率密度函数的积分求得，即概率密度函数与 X 轴围成的图形的面积。与图 4.3 中的速度—时间曲线围成

的长方形一样，组成长方形中每个点或每条直线的面积都为 0，与之相对的，是 X 为特定值的概率为 0；而整体的矩形面积不为 0，与之相对的，是区间概率不为 0。这两者是不矛盾的，因此，这是连续型概率分布的客观事实。

现已知对于离散型概率分布，通常可以使用表格法来表示和计算常规骰子的点数概率见表 4.1。

表 4.1　常规骰子的点数概率

点　数	概　率
1	1/6
2	1/6
3	1/6
4	1/6
5	1/6
6	1/6

那么对于连续型概率分布，能否也通过表格来描述呢？由于连续型概率分布的数值可以取某一区间内的任意值。例如，在区间[1,2]内，可以取 1.1，1.11，1.111，1.1111…并且对于特定值，其概率为 0，因此若使用表格法来描述，将会是一个无限长的表格，并且表格内的所有数值都 0，这种表格没有任何有用的信息，见表 4.2。

表 4.2　用表格法描述连续型概率分布

数　值	概　率
1	0
1.11	0
1.111	0
1.1111	0
1.11111	0
…	0

因此，为方便理解，通常使用曲线法来描述连续型概率分布。

假设一个随机变量是连续变量，它的概率分布称为连续型概率分布。在连续型概率分布中，随机变量可以取一定范围内的任意值。

4.1.2　连续型概率分布的性质

连续型概率分布描述了连续型随机变量的可能值的概率。连续型随机变量是一个随机变量，其可能值的集合（有时称为范围）是无限的。

连续型随机变量的概率被定义为其概率密度函数曲线下图形的面积。

随机变量 X 的概率分布必须满足以下三个条件。

（1）每个特定值的概率为 0。

$$P(X)=0$$

（2）所有可能的概率之和为 1。

$$P=\int_{-\infty}^{\infty} f(x)\mathrm{d}x=1$$

（3）在某一区间内，概率 $P(a \leqslant X \leqslant b)$ 的取值范围为 0～1。

$$0 \leqslant P(a \leqslant X \leqslant b)=\int_a^b f(x)\mathrm{d}x \leqslant 1$$

4.1.3　连续型概率分布的概率密度函数

在概率论中，连续型随机变量的概率密度函数（probability density function，PDF）是指随机变量在某一个值附近取值的可能性。正如 4.1.2 小节介绍的，连续型随机变量特定值的概率为 0，因此通常以区间形式描述连续型概率分布。而随机变量的概率值是由 PDF 在该区间的积分表示。

用数学公式描述为，对于一维随机变量 X，设其累积概率为 $F_X(x)$，若该连续变量存在概率密度函数 $f_X(x)$，那么对于 $\forall -\infty < a < +\infty$，满足：

$$F_X(a)=\int_{-\infty}^{a} f_X(x)\mathrm{d}x$$

说明

有时也将 PDF 直接简称为密度函数。

如果概率密度函数 $f_X(x)$ 在 x 上连续，那么累积概率 $F_X(x)$ 可导，并且

$$f_X(x)=\frac{\mathrm{d}F_X(x)}{\mathrm{d}x}$$

根据定义，连续型概率分布的 PDF 具有以下性质：

（1）$\forall -\infty < x < \infty, f_X(x) \geqslant 0$。

（2）$\int_{-\infty}^{\infty} f_X(x)\mathrm{d}x=1$。

（3）$\forall -\infty < a < b < +\infty, P[a \leqslant x \leqslant b]=F_X(b)-F_X(a)=\int_a^b f_X(x)\mathrm{d}x$。

4.1.4　连续型概率分布的累积分布函数

与离散型概率分布一样，不需要计算随机变量 X 在某一特定值附近发生的概率，而是需要其小于或等于某个特定值的概率。对于这种概率，需要使用累积分布函数（cumulative distribution function，CDF）。

CDF 表示连续型随机变量小于或等于某个特定值的概率。对于任意的连续型随机变量 X，其 CDF 可以定义为

$$F_X(x) = P(X \leqslant x)$$

根据 PDF 的定义：

$$P(a \leqslant X \leqslant b) = \int_a^b f(x)\mathrm{d}x$$

因此 PDF 可以写成 CDF 的差值：

$$P(a \leqslant X \leqslant b) = F_X(b) - F_X(a)$$

在离散型概率分布中，PDF 指定 X 取到特定值的概率；而在连续型概率分布中，若 PDF 也是连续的，此时指定 X 取特定值的概率将毫无意义，因此通常使用 PDF 或 CDF 来描述 X 在某一区间内取值的概率：

$$\begin{aligned} P(X \in [a, b]) &= P(a \leqslant X \leqslant b) \\ &= F_X(b) - F_X(a) \end{aligned}$$

下面通过一个例子，来加深对连续型概率分布的 PDF 和 CDF 的理解。如图 4.4 所示，假设有一棵树，高 10m。现树上有一只瓢虫，计算这只瓢虫离地面 5m 的 CDF 和离地概率的 PDF。

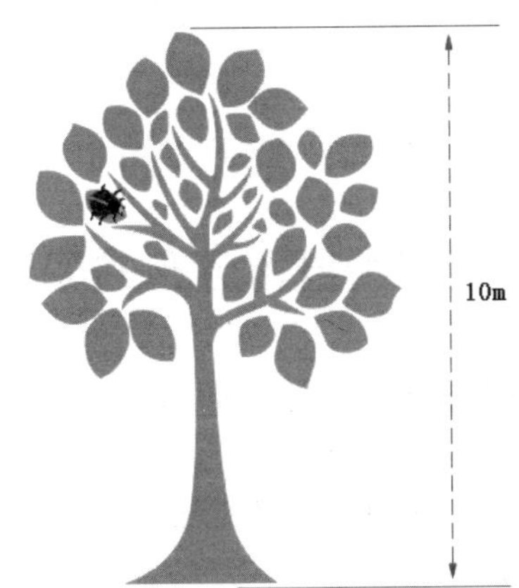

图 4.4　树和瓢虫

因为瓢虫离地面的距离是一个均匀的连续函数，因此瓢虫离地面 10m 的概率为

$$F_X(x) = \frac{x}{10}, \quad 0 \leqslant x \leqslant 10$$

其中，x 表示瓢虫离地面的距离。根据 PDF 的定义，可以算出瓢虫离地面 10m 的 PDF 为

$$f_X(x)=\frac{\mathrm{d}F_X(x)}{\mathrm{d}x}=\frac{1}{10}$$

而瓢虫离地面 5m 距离的 CDF 可以直接根据以下公式计算：

$$\begin{aligned}P(0\leqslant X\leqslant 5)&=F_X(5)-F_X(0)\\&=\frac{5}{10}-\frac{0}{10}=0.5\end{aligned}$$

4.1.5 习题

假设有一个特殊的时钟，黑色指针在 6 点钟方向不动，黑色指针绕着钟盘旋转一周，如图 4.5 所示。现假设两个指针的夹角范围是 0°～360°，计算两个指针的夹角为 45°～135°的概率。

图 4.5 特殊的时钟

4.2 连续型概率分布的期望值

在不知道随机变量是离散的还是连续的情况下，期望值可以让人快速了解随机变量的整体情况。已知期望值是所有可能数值的加权平均值，其中数值出现的概率是权重。相比于离散型概率分布，连续型概率分布的期望值只是计算方式不同，其余的保持一致。本节将详细介绍连续型概率分布的期望值及其性质。

4.2.1 连续型概率分布的期望值的定义

对于一个连续型随机变量，其期望值的计算方法是先将随机变量的值与其相关概率的相乘，再对所有的乘积求和，所得的值即为期望值。

若有连续型随机变量 X，其概率密度函数为 $f(x)$，在积分 $\int_{-\infty}^{\infty}xf(x)\mathrm{d}x$ 绝对收敛的前提下，随机变量 X 的期望值可以通过以下公式求得

$$E[X]=\int_{-\infty}^{\infty} xf(x)\mathrm{d}x$$

连续型随机变量期望值的计算思想和离散型随机变量一致，只是把求和公式换成了积分公式。

下面通过几个简单的例子加深对连续型概率分布的期望值的理解。

实例 1：

若随机变量 X 在区间$[a, b]$中均匀分布，其 PDF 为

$$f(x)=\begin{cases}\dfrac{1}{b-a}, & a<x<b \\ 0, & \text{其他值}\end{cases}$$

将概率密度函数绘制成曲线如图 4.6 所示，从图中可以看出，非零区域集中在$[a, b]$区间内。

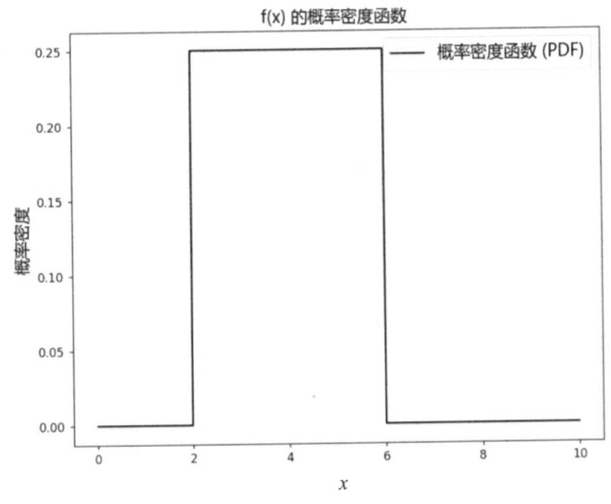

图 4.6　实例 1 的概率密度函数

根据公式可以求得期望值为

$$\begin{aligned}E[X]&=\int_{a}^{b} x\cdot\frac{1}{b-a}\mathrm{d}x\\&=\frac{1}{b-a}\cdot\frac{x^2}{2}\Big|_a^b\\&=\frac{1}{b-a}\times\frac{1}{2}\times(b^2-a^2)\\&=\frac{a+b}{2}\\&=4\end{aligned}$$

实例 2：

假设随机变量 X 的 PDF 如下，请求出随机变量 X 的期望值。

$$f_X(x)=\begin{cases}2x, & 0\leqslant x\leqslant 1\\ 0, & \text{其他值}\end{cases}$$

其概率密度函数曲线如图 4.7 所示，可以看出，非零区域集中在$[a, b]$内。

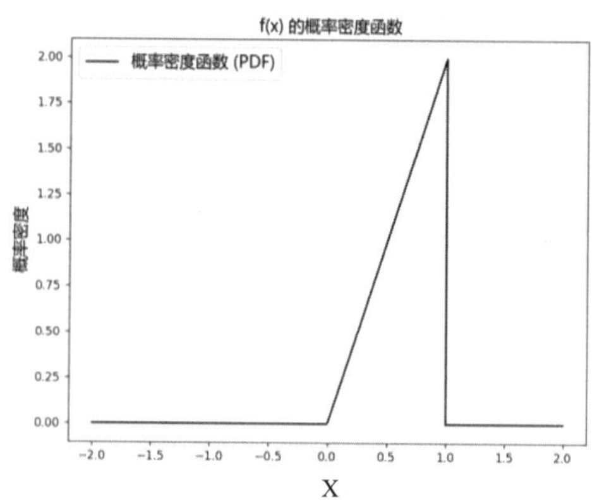

图 4.7　实例 2 的概率密度函数

根据公式可以求得期望值为：

$$\begin{aligned}E[X]&=\int_{-\infty}^{\infty}xf(x)\mathrm{d}x\\&=\int_0^1 x(2x)\mathrm{d}x\\&=\left[\frac{2}{3}x^3\right]_0^1\\&=\frac{2}{3}\end{aligned}$$

4.2.2　连续型概率分布的期望值的运算

作为随机变量的一种统计系数，正如其他系数一样，期望值也有相互的计算规律。假设随机事件 X 和 Y 相互独立，而 C 表示常数，那么连续型概率分布的期望值满足以下运算性质。

（1）$E(C)=C$。

证明：因为常数不存在概率，因此常数的期望值是其本身。

$$E(C)=\int_{-\infty}^{\infty}C\times f(x)\mathrm{d}x=C\times\int_{-\infty}^{\infty}f(x)\mathrm{d}x=C$$

（2）$E(CX)=C\times E(X)$。

证明：因为 C 为常数，随机事件扩大 C 倍后求加权平均，可以先求加权平均然后再扩大 C 倍。

$$\begin{aligned}E(CX)&=\int_{-\infty}^{\infty}C\times xf(x)\mathrm{d}x\\&=C\times\int_{-\infty}^{\infty}xf(x)\mathrm{d}x\\&=C\times E(X)\end{aligned}$$

（3）$E(X+Y)=E(X)+E(Y)$。

证明：因为事件 X 和事件 Y 是相互独立的，因此事件 X 和事件 Y 的概率互不影响，在计算期望值时，事件 X 和事件 Y 的值也相互独立，故

$$\begin{aligned}E(X+Y)&=\int_{-\infty}^{\infty}\int_{-\infty}^{\infty}(x+y)f(x,\ y)\mathrm{d}x\mathrm{d}y\\&=\int_{-\infty}^{\infty}\int_{-\infty}^{\infty}xf(x,\ y)\mathrm{d}y\mathrm{d}x+\int_{-\infty}^{\infty}\int_{-\infty}^{\infty}yf(x,\ y)\mathrm{d}x\mathrm{d}y\\&=\int_{-\infty}^{\infty}x\int_{-\infty}^{\infty}f(x,\ y)\mathrm{d}y\mathrm{d}x+\int_{-\infty}^{\infty}y\int_{-\infty}^{\infty}f(x,\ y)\mathrm{d}x\mathrm{d}y\\&=\int_{-\infty}^{\infty}xf_X(x)\mathrm{d}x+\int_{-\infty}^{\infty}yf_Y(y)\mathrm{d}y\\&=E(X)+E(Y)\end{aligned}$$

（4）$E(X-Y)=E(X)-E(Y)$。

证明：因为事件 X 和事件 Y 是相互独立的，因此事件 X 和事件 Y 的概率互不影响，在计算期望值时，事件 X 和事件 Y 的值也相互独立，故：

$$\begin{aligned}E(X-Y)&=\int_{-\infty}^{\infty}\int_{-\infty}^{\infty}(x-y)f(x,\ y)\mathrm{d}x\mathrm{d}y\\&=\int_{-\infty}^{\infty}\int_{-\infty}^{\infty}xf(x,\ y)\mathrm{d}y\mathrm{d}x-\int_{-\infty}^{\infty}\int_{-\infty}^{\infty}yf(x,\ y)\mathrm{d}x\mathrm{d}y\\&=\int_{-\infty}^{\infty}x\int_{-\infty}^{\infty}f(x,\ y)\mathrm{d}y\mathrm{d}x-\int_{-\infty}^{\infty}y\int_{-\infty}^{\infty}f(x,\ y)\mathrm{d}x\mathrm{d}y\\&=\int_{-\infty}^{\infty}xf_X(x)\mathrm{d}x-\int_{-\infty}^{\infty}yf_Y(y)\mathrm{d}y\\&=E(X)-E(Y)\end{aligned}$$

（5）$E(XY)=E(X)\times E(Y)$。

证明：同理，事件 X 和事件 Y 相互独立，因此事件 X 和事件 Y 的数值以及概率都互不影响，故

$$\begin{aligned}E[X\times Y]&=\int_{-\infty}^{\infty}\int_{-\infty}^{\infty}xyf(x,\ y)\mathrm{d}x\mathrm{d}y\\&=\int_{-\infty}^{\infty}\int_{-\infty}^{\infty}xyf_X(x)f_Y(y)\mathrm{d}x\mathrm{d}y\\&=\int_{-\infty}^{\infty}xf_X(x)\mathrm{d}x\int_{-\infty}^{\infty}yf_Y(y)\mathrm{d}y\\&=E(X)E(Y)\end{aligned}$$

（6）$E(aX+b)=a\times E(X)+b$。

证明：若对事件 X 单独增加权重和偏执，因为并没有改变事件 X 发生的概率，那么根据期望值公式，可以证明：

$$\begin{aligned}E(aX+b)&=\int_{-\infty}^{\infty}[a\times xf(x)+b]\mathrm{d}x\\&=a\times\int_{-\infty}^{\infty}xf(x)\mathrm{d}x+b\\&=a\times E(X)+b\end{aligned}$$

同理可以得出以下两个结论：

$$E(aX)=a\times E(X)$$
$$E(X+b)=E(X)+b$$

说明

本章中关于事件 X 和事件 Y 期望值的相互运算，都是建立在事件 X 与事件 Y 相互独立的前提下。若事件 X 与事件 Y 不能满足相互独立，那么这些公式都不能成立。

4.2.3 期望值存在的前提

对于离散型概率分布而言，当且仅当级数 $\sum_i x_iP(x_i)$ 的值不会因为改变求和次序而变，即级数 $\sum_i x_iP(x_i)$ 绝对收敛时，随机变量的期望值才存在。那么对于连续型概率分布，期望值是否一直存在呢？答案是不一定。

设 X 是连续型随机变量，X 的 PDF 为 $f(x)$：

- 若 $\int_{-\infty}^{+\infty}xf(x)\mathrm{d}x$ 绝对收敛，那么随机变量 X 的期望值存在。
- 若 $\int_{-\infty}^{+\infty}|x|f(x)\mathrm{d}x$ 是发散的，则随机变量 X 的期望值不存在。

例如，柯西分布的 PDF 为

$$f(x)=\frac{1}{\pi(1+x^2)},\quad -\infty<x<+\infty$$

若计算对应的期望值，得

$$\int_{-\infty}^{+\infty}|x|f(x)\mathrm{d}x=\int_{-\infty}^{+\infty}\frac{|x|}{\pi(1+x^2)}\mathrm{d}x$$

上式是发散的，因此并不存在加权平均值，该分布也就不存在期望值。

4.2.4 习题

假设随机变量 X 的 PDF 如下，其概率密度函数曲线如图 4.8 所示，求出随机变量 X 的期望值。

$$f_X(x)=\begin{cases}x^2, & 0\leqslant x\leqslant 1\\ 0, & \text{其他值}\end{cases}$$

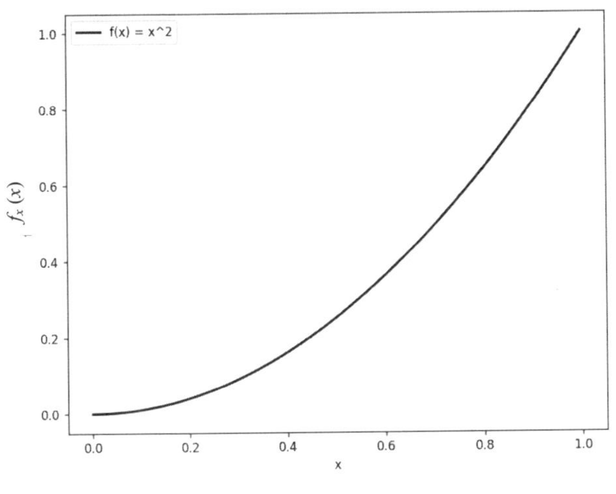

图 4.8　概率密度函数

4.3　方差和标准差

3.3 节已经介绍了离散型概率分布的方差和标准差。本节将介绍连续型概率分布的方差和标准差所独有的特性。

4.3.1　方差的统计学定义

假设对于随机变量 X，其期望值为 μ，概率密度函数为 $f(x)$，那么 X 的方差可以表示为

$$\begin{aligned}\text{Var}(X)&=\int_R(x-\mu)^2f(x)\text{d}x\\&=\int_R x^2f(x)\text{d}x-2\mu\int_R xf(x)\text{d}x+\mu^2\int_R f(x)\text{d}x\\&=\int_R x^2\text{d}F(x)-2\mu\int_R x\text{d}F(x)+\mu^2\int_R \text{d}F(x)\\&=\int_R x^2\text{d}F(x)-2\mu\times\mu+\mu^2\times 1\\&=\int_R x^2\text{d}F(x)-\mu^2\end{aligned}$$

或者

$$\text{Var}(X)=\int_R x^2f(x)\text{d}x-\mu^2$$

其中，R 表示 X 的取值空间；$\mu = \int_R x f(x)\mathrm{d}x$。

下面通过一个实例来加深对方差的理解。

假设随机变量 X 的 PDF 如下，请求出随机变量 X 的方差。

$$f_X(x) = \begin{cases} 2x, & 0 \leqslant x \leqslant 1 \\ 0, & \text{其他值} \end{cases}$$

以上已经求出期望值 $E[X] = \dfrac{2}{3}$，因此这里可以直接根据统计学定义计算方差：

$$\begin{aligned}
\mathrm{Var}(X) &= E[(X-\mu)^2] \\
&= E\left[\left(x-\frac{2}{3}\right)^2\right] \\
&= \int_{-\infty}^{\infty}\left(x-\frac{2}{3}\right)^2 f_X(x)\mathrm{d}x \\
&= \int_0^1\left(x-\frac{2}{3}\right)^2 (2x)\mathrm{d}x \\
&= \int_0^1\left(2x^3-\frac{8}{3}x^2+\frac{8}{9}x\right)\mathrm{d}x \\
&= \left[\frac{1}{2}x^4-\frac{8}{9}x^3+\frac{4}{9}x^2\right]_0^1 \\
&= \frac{1}{18}
\end{aligned}$$

当然，也可以通过求 X 和 X^2 的期望值来求方差。已知：

$$E[X] = \frac{2}{3}$$

$$E[X^2] = \frac{1}{2}$$

因此可以直接根据概率论定义计算方差：

$$\mathrm{Var}(X) = E[X^2] - E[X]^2 = \frac{1}{2} - \frac{4}{9} = \frac{1}{18}$$

4.3.2 方差的性质

作为描述统计分布的一个测量维度，假设两个随机事件 X 和 Y 相互独立，而 A、B、C 为常数，那么方差具有以下运算性质。

（1）$\mathrm{Var}(X) \geqslant 0$。

证明：因为方差计算的是数值与平均值的平方误差，因此对于任意方差，都满足大于或等于 0 的性质。

（2）$\mathrm{Var}(C) = 0$。

证明：因为常数不存在分布且平均值是其本身，根据公式：

$$\mathrm{Var}(C) = E[(C - E[C])^2] = 0$$

因此常数的方差为 0。

（3）$\mathrm{Var}(CX) = C^2\mathrm{Var}(X)$。

证明：由于方差计算的是平方误差，因此数值扩大 C 倍时，方差扩大 C^2 倍。

$$\begin{aligned}\mathrm{Var}(CX) &= E[(CX - E[CX])^2] \\ &= C^2E[(X - E[X])^2] \\ &= C^2\mathrm{Var}(X)\end{aligned}$$

（4）$\mathrm{Var}(X + C) = \mathrm{Var}(X)$。

证明：数据整体增加数值并不会改变其与平均值的差异变化。

$$\begin{aligned}\mathrm{Var}(X + C) &= E[(X + C - E[X + C])^2] \\ &= E[(X - E[X])^2] \\ &= \mathrm{Var}(X)\end{aligned}$$

（5）$\mathrm{Var}(X \pm Y) = \mathrm{Var}(X) \pm \mathrm{Var}(Y)$。

证明：因为随机变量 X 和 Y 相互独立，因此 X 和 Y 在数据叠加时互不影响。

$$\begin{aligned}\mathrm{Var}(X \pm Y) &= E[((X \pm Y) - E[X \pm Y])^2] \\ &= E[(X - E[X]) \pm (Y - E[X \pm Y]))^2] \\ &= E[(X - E[X])^2] + E[(Y - E[Y])^2] \pm 2E[(X - E[X])(Y - E[Y])] \\ &= E[(X - E[X])^2] + E[(Y - E[Y])^2] \pm 2(E[XY] - E[X]E[Y]) \\ &= E[(X - E[X])^2] \pm E[(Y - E[Y])^2] \\ &= \mathrm{Var}(X) \pm \mathrm{Var}(Y)\end{aligned}$$

注意

当随机变量 X 和 Y 不能满足相互独立的条件时，上式不成立，此时应该增加 X 和 Y 的协方差系数，$\mathrm{Var}(X \pm Y) = \mathrm{Var}(X) + \mathrm{Var}(Y) \pm 2\mathrm{Cov}(X, Y)$。

（6）$\mathrm{Var}(AX \pm BY) = A^2\mathrm{Var}(X) \pm B^2\mathrm{Var}(Y)$。

证明：因为随机变量 X 和 Y 相互独立，且

$$\mathrm{Var}(AX)=A^2\mathrm{Var}(X)$$
$$\mathrm{Var}(BX)=B^2\mathrm{Var}(X)$$
$$\mathrm{Var}(X\pm Y)=\mathrm{Var}(X)\pm\mathrm{Var}(Y)$$

因此

$$\begin{aligned}\mathrm{Var}(AX\pm BY)&=\mathrm{Var}(AX)\pm\mathrm{Var}(BY)\\&=A^2\mathrm{Var}(X)\pm B^2\mathrm{Var}(Y)\end{aligned}$$

注意

当随机变量 X 和 Y 不能满足相互独立的条件时，上式不成立，此时应该增加 X 和 Y 的协方差系数，即 $\mathrm{Var}(AX\pm BY)=A^2\mathrm{Var}(X)+B^2\mathrm{Var}(Y)\pm 2AB\mathrm{Cov}(X,\ Y)$ 。

4.3.3 标准差的定义

作为方差的算术平方根，标准差可以通过下式求得：

$$\sigma=\sqrt{E[X^2]-E[X]^2}$$

同时，对于连续随机变量 X，若其概率密度函数为 $f(x)$，则 X 的期望值为

$$\mu=\int_R xf(x)\mathrm{d}x$$

那么 X 的标准差可以定义为

$$\sigma=\sqrt{\int_R(x-\mu)^2f(x)\mathrm{d}x}$$

其中，R 表示随机变量 X 的取值空间。

下面通过一个实例来加深对标准差的理解。

假设随机变量 X 的 PDF 如下，求出随机变量 X 的标准差。

$$f_X(x)=\begin{cases}2x, & 0\leqslant x\leqslant 1\\0, & \text{其他值}\end{cases}$$

在 4.3.1 小节已经求出了该随机变量的方差，因此可以直接根据定义算出它的标准差：

$$\sigma=\sqrt{\mathrm{Var}(x)}=\sqrt{\frac{1}{18}}-\frac{1}{3\sqrt{2}}$$

4.3.4 标准差的性质

作为描述统计分布的一个测量维度，假设两个随机事件 X 和事件 Y 相互独立，而 A、B、C 为常数，那么标准差具有以下运算性质：

（1）$\sigma\geqslant 0$。

证明：任意方差均大于或等于 0，因此标准差都满足大于或等于 0 的性质。

（2）$\sigma(C)=0$。

证明：因为常数不存在分布且平均值是其本身，根据公式：

$$\begin{aligned}\sigma(C)&=\sqrt{\mathrm{Var}(C)}\\&=\sqrt{E[(C-E[C])^2]}\\&=0\end{aligned}$$

因此常数的方差为 0。

（3）$\sigma(CX)=C\sigma(X)$。

证明：由于方差计算的是平方误差，因此数值扩大 C 倍时，方差扩大 C^2 倍。而标准差是方差的算术平方根，因此标准差扩大了 C 倍。

$$\begin{aligned}\sigma(CX)&=\sqrt{\mathrm{Var}(CX)}\\&=\sqrt{C^2\mathrm{Var}(X)}\\&=C\sqrt{\mathrm{Var}(X)}\\&=C\sigma(X)\end{aligned}$$

（4）$\sigma(X+C)=\sigma(X)$。

证明：数据整体增加数值并不会改变其与平均值的差异变化。

$$\begin{aligned}\sigma(X+C)&=\sqrt{\mathrm{Var}(X+C)}\\&=\sqrt{\mathrm{Var}(X)}\\&=\sigma(X)\end{aligned}$$

注意

由于标准差是对方差的算术平方根，因此标准差的运算不能满足分配律和结合律。

4.3.5 习题

假设随机变量 X 的 PDF 如下，其概率密度函数曲线如图 4.9 所示，求出随机变量 X 的期望值。

$$f_X(x)=\begin{cases}x^3+1, & 0\leqslant x\leqslant 1\\0, & \text{其他值}\end{cases}$$

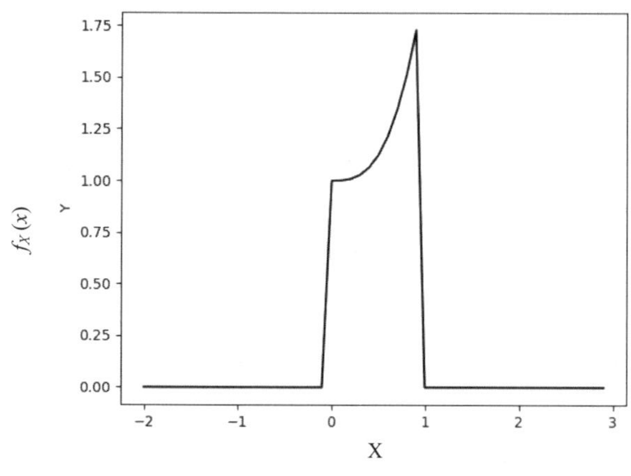

图 4.9　概率密度函数

4.4　常见的连续型概率分布

在前面的章节中，已经了解了连续型概率分布的定义及连续型概率分布的期望值、方差和标准差等基本性质。本节将介绍几种常见的连续型概率分布。

4.4.1　均匀分布

均匀分布（uniform distribution）表示连续随机变量 X 在 $[a, b]$ 中服从均匀分布，记作 $X \sim U[a,b]$。对于均匀分布，可以从下面几个维度介绍。

（1）参数范围。

$$a,\ b \in (-\infty,\ +\infty)$$

（2）PDF。

$$f(x) = \begin{cases} \dfrac{1}{b-a}, & a \leqslant x \leqslant b \\ 0, & \text{其他值} \end{cases}$$

（3）CDF。

$$F_X(x) = \begin{cases} 0, & x < a \\ \dfrac{x-a}{b-a}, & a \leqslant x < b \\ 1, & x \geqslant b \end{cases}$$

（4）期望值。

$$E[X]=\frac{a+b}{2}$$

（5）方差。

$$\mathrm{Var}(x)=\frac{(b-a)^2}{12}$$

因为均匀分布的 PDF 曲线是一个矩形，所以称为矩形分布。关于均匀分布，示例代码如下。

代码 4.1　均匀分布：Uniform_Distribution.py

```
import numpy as np
import numpy as np
import matplotlib.pyplot as plt
from scipy.stats import uniform

plt.rcParams['font.sans-serif']=['SimHei']
plt.rcParams['axes.unicode_minus'] = False

def uniform(x, a, b):
    y = []
    for i in x:
        if a <= i <= b:
            y.append(1/(b-a))
        else:
            y.append(0)
    return x, y, np.mean(y), np.std(y)

def Uniform_Distribution():
    #定义 x 的取值范围
    x = np.arange(0, 3, 0.01)
    #定义 a、b 的值
    a = 1
    b = 2
    x, y, u, s = uniform(x, a, b)
    #输出均值、方差和标准差
    print(f"均匀分布的均值为：{u:.2f}")
    print(f"均匀分布的方差为：{s ** 2:.2f}")
    print(f"均匀分布的标准差为：{s:.2f}")
    #绘制均匀分布的 PDF 曲线
    plt.plot(x, y, color='red')
    plt.xlabel('X')
    plt.ylabel('PDF')
    plt.title('均匀分布')
    plt.show()
```

输出结果为：

```
均匀分布的均值为：0.34
均匀分布的方差为：0.22
均匀分布的标准差为：0.47
```

均匀分布的 PDF 曲线如图 4.10 所示。

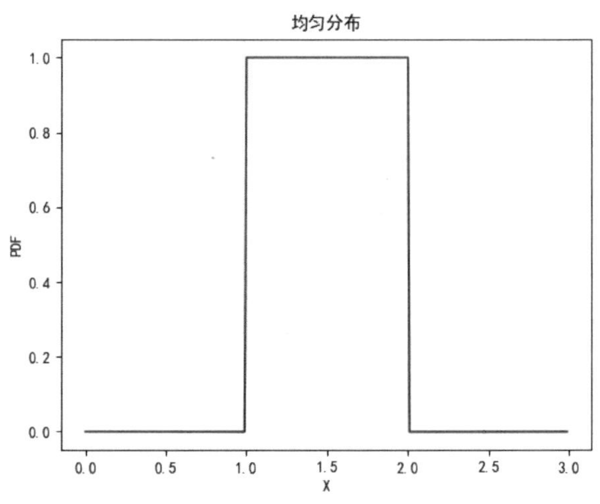

图 4.10　均匀分布的 PDF 曲线

4.4.2　指数分布

指数分布（exponential distribution）表示连续随机变量中相互独立随机事件发生的时间间隔，记作 $X \sim \text{Exp}(\lambda)$。对于指数分布，可以从下面几个维度介绍。

（1）参数范围。

$$\lambda > 0$$

（2）PDF。

$$f(x, \lambda) = \begin{cases} \lambda \mathrm{e}^{-\lambda x}, & x \geqslant 0 \\ 0, & \text{其他值} \end{cases}$$

（3）CDF。

$$F_X(x, \lambda) = \begin{cases} 1 - \mathrm{e}^{-\lambda x}, & x \geqslant 0 \\ 0, & \text{其他值} \end{cases}$$

（4）期望值。

$$E[X]=\frac{1}{\lambda}$$

（5）方差。

$$\mathrm{Var}(x)=\frac{1}{\lambda^2}$$

指数分布通常用来描述事件发生的时间间隔或速率。关于指数分布，示例代码如下。

代码 4.2　指数分布：Exponential_Distribution.py

```
import numpy as np
import matplotlib.pyplot as plt

plt.rcParams['font.sans-serif']=['SimHei']
plt.rcParams['axes.unicode_minus'] = False

def exponential(x, lamb):
    y = lamb * np.exp(-lamb * x)
    return x, y, np.mean(y), np.std(y)

def Exponential_Distribution():
    #定义 x 的取值范围
    x = np.arange(0, 10, 0.01)
    #定义 lamb 的值
    lamb = 0.5
    x, y, u, s = exponential(x, lamb=lamb)
    #输出均值、方差和标准差
    print(f"指数分布的均值为：{u:.2f}")
    print(f"指数分布的方差为：{s ** 2:.2f}")
    print(f"指数分布的标准差为：{s:.2f}")
    #绘制指数分布的 PDF 曲线
    plt.plot(x, y, color='red')
    plt.xlabel('X')
    plt.ylabel('PDF')
    plt.title('指数分布')
    plt.show()
```

输出结果为：

```
指数分布的均值为：0.10
指数分布的方差为：0.02
指数分布的标准差为：0.12
```

绘制的指数分布的 PDF 曲线如图 4.11 所示。

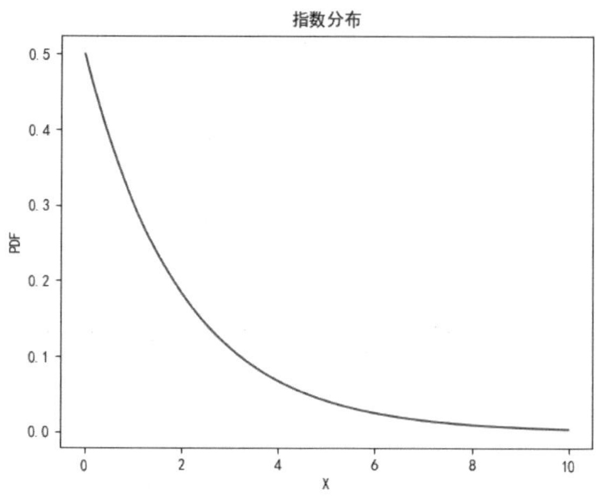

图 4.11　指数分布的 PDF 曲线

4.4.3　正态分布

正态分布（Normal Distribution），又称高斯分布（Gaussian Distribution）是自然界和科学实验中最常见的连续型概率分布，表示连续随机变量服从基于位置 μ 尺寸为 σ 的正态分布，记作 $X \sim N(\mu,\sigma^2)$。正态分布的期望值决定了数据的分布中心，方差决定了数据的离散程度。对于正态分布，可以从下面几个维度介绍。

（1）参数范围。

$$\mu \in (-\infty,\ \infty)$$

$$\sigma^2 > 0$$

（2）PDF。

$$f(x,\ \mu,\ \sigma) = \frac{1}{\sigma\sqrt{2\pi}} \exp\left[-\frac{(x-\mu)^2}{2\sigma^2}\right]$$

如果 $\mu = 0$ 且 $\sigma = 1$，则称这个分布满足标准正态分布，PDF 公式可以简化为：

$$f(x) = \frac{1}{\sqrt{2\pi}} \exp\left(-\frac{x^2}{2}\right)$$

（3）CDF。

$$F(x,\ \mu,\ \sigma) = \frac{1}{\sigma\sqrt{2\pi}} \int_{-\infty}^{x} \exp\left[-\frac{(t-\mu)^2}{2\sigma^2}\right] \mathrm{d}t$$

满足标准正态分布的 CDF 公式可以简化为

$$F(x)=\frac{1}{\sqrt{2\pi}}\int_{-\infty}^{x}\exp\left(-\frac{t^2}{2}\right)\mathrm{d}t$$

说明

标准正态分布的 CDF 也可以记作$\varnothing(x)$。

（4）期望值。

$$E[X]=\mu$$

（5）方差。

$$\mathrm{Var}(x)=\sigma^2$$

正态分布的 PDF 曲线是一个钟摆形状，并且左右对称。曲线中间位置的概率密度最大，越往两边概率密度越小。关于正态分布，Python 代码实现如下。

代码 4.3　正态分布：Normal _Distribution.py

```
import numpy as np
import matplotlib.pyplot as plt

plt.rcParams['font.sans-serif']=['SimHei']
plt.rcParams['axes.unicode_minus'] = False

def normal(x, n):
    u = x.mean()
    s = x.std()
    x = np.linspace(x.min(), x.max(), n)
    a = ((x - u) ** 2) / (2 * (s ** 2))
    y = 1 / (s * np.sqrt(2 * np.pi)) * np.exp(-a)
    return x, y, x.mean(), x.std()

def Normal_Distribution():
    #定义 x 的取值范围
    x = np.arange(-10, 10)
    #定义数据
    n = 100
    x, y, u, s = normal(x, n)
    #输出均值、方差和标准差
    print(f"正态分布的均值为: {u:.2f}")
    print(f"正态分布的方差为: {s ** 2:.2f}")
    print(f"正态分布的标准差为: {s:.2f}")
    #绘制正态分布的 PDF 曲线
    plt.plot(x, y, color='red')
```

```
plt.xlabel('X')
plt.ylabel('PDF')
plt.title('正态分布')
plt.show()
```

输出结果为：

```
正态分布的均值为：-0.50
正态分布的方差为：30.69
正态分布的标准差为：5.54
```

绘制的正态分布的 PDF 曲线如图 4.12 所示。

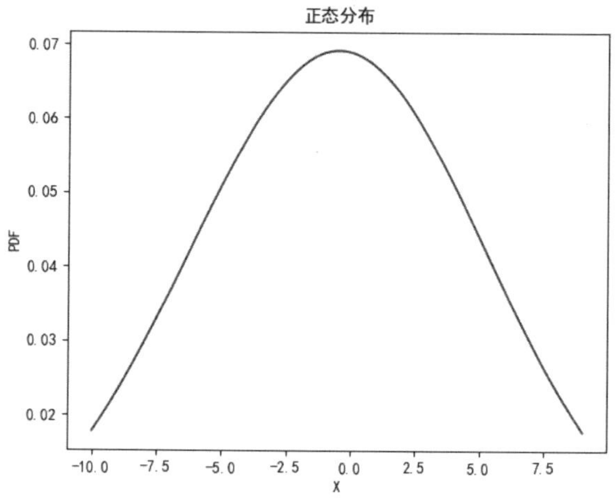

图 4.12　正态分布的 PDF 曲线

4.4.4　习题

假设现有连续随机变量 X 满足 $\lambda=10$ 的指数分布，计算出该随机变量的期望值，并用 Python 绘制出分布的 PDF 曲线。

4.5　温故而知新

学完本章后，读者需要回答以下问题：

- 什么是连续型概率分布？
- 连续型概率分布的 PDF 和 CDF 分别指的是什么？
- 连续型概率分布的期望值是什么？
- 期望值有哪些性质？

- 什么情况下不存在期望值？
- 方差和标准差是用来描述什么的？
- 什么是协方差？协方差有哪些性质？
- 比较常见的连续型概率分布有哪些？

第 5 章　贝叶斯理论

无论是连续型数据还是离散型数据，概率统计的计算过程，其实是对随机变量之间相互作用的计算。而看似毫无规律的分布，往往可以通过变量之间的相互依赖来寻求规律。生活中这样的例子随处可见。例如，天空乌云密布，这个地区很可能要下雨；今年苹果大丰收，苹果应该要降价了；导航显示堵车严重，我或许要迟到了。这些看似常识性的判断，其实是通过随机变量之间的相互关系推理得出的。

本章将学习关系概率中的集大成者——贝叶斯理论。最后将简单介绍一下贝叶斯理论在机器学习中的应用，其详细内容将在第 9 章介绍。

本章主要涉及以下知识点。

- 随机变量之间的关系：建立多种概率分布的基本思想。
- 条件概率：学会什么是条件概率，了解条件分布、联合分布和边缘分布。
- 贝叶斯理论：深入了解贝叶斯理论，逐步推导贝叶斯理论，初步感受贝叶斯理论在机器学习乃至人工智能中的应用。

注意

为了方便读者更好地了解贝叶斯模型，本章将以离散型数据为例讲解。

5.1　随机变量之间的关系

读者可能对条件分布、联合分布、边缘分布以及贝叶斯这些专业名词感到困惑，甚至产生恐惧心理，这些都是很正常的现象。本节的目标，就是通过对条件概率、联合概率和边缘概率的介绍，让读者对这些名词有一个比较直观的印象。

本节将通过一个在桶中抓小球的游戏，来形象地展示多个随机变量之间的关系，从而让读者对以上这些概念有一个初步认识，也为后面章节的学习打下基础。

在学习本章内容时，读者可以先抛开概率论的知识，单纯从数学算术的视角来审视下面的游戏。

5.1.1 分别抓球——初识条件概率

设置的游戏场景如图 5.1 所示。在大厅中有 A、B、C 三个木桶，每个木桶中都有 10 个外形一样但是颜色不一样的小球。三个木桶中小球的情况如下。

- A 桶：放入 10 个编号为 *A* 的小球，其中，2 个黑色，2 个白色，6 个灰色。
- B 桶：放入 10 个编号为 *B* 的小球，其中，3 个黑色，3 个白色，4 个灰色。
- C 桶：放入 10 个编号为 *C* 的小球，其中，5 个黑色，3 个白色，2 个灰色。

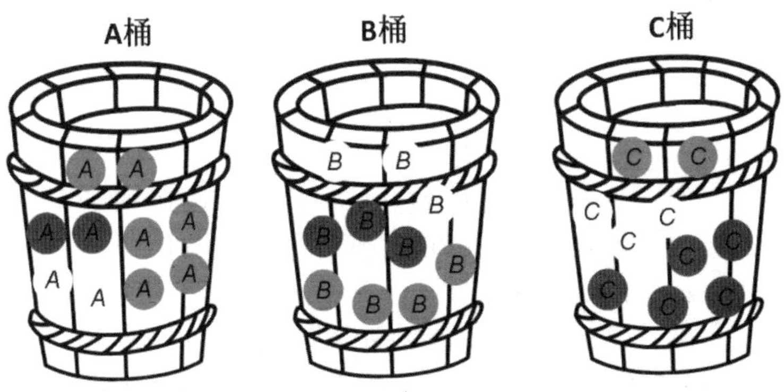

图 5.1　分别抓球游戏的示意图

场景设置好后，下面开始抓球游戏。

首先在 A 桶中随机抓取一个小球，因为每次抓球是有放回的，所以每次抓取的情况是相对独立的，即每次抓球的过程是互不影响。因此，分别抓到黑、白、灰三种颜色小球的概率可以用桶中每种颜色小球所占的比例来表示。计算公式如下：

$$P(灰色|A)=\frac{P(A,\ 灰色)}{P(A)}=\frac{灰色A球的数目}{A球的数目}=\frac{6}{10}=0.6$$

$$P(黑色|A)=\frac{P(A,\ 黑色)}{P(A)}=\frac{黑色A球的数目}{A球的数目}=\frac{2}{10}=0.2$$

$$P(白色|A)=\frac{P(A,\ 白色)}{P(A)}=\frac{白色A球的数目}{A球的数目}=\frac{2}{10}=0.2$$

根据离散型概率分布的基本性质，可以得出在每个桶中抓取三种颜色小球的概率总和为 1。显然在 A 桶中的概率分布满足以下性质：

$$P(灰色|A)+P(黑色|A)+P(白色|A)=1$$

以上式子中多次用到的“|”符号，这其实是条件概率的符号。条件概率是指在满足“|”右边的前提下，满足“|”左边的条件概率。以 $P(灰色|A)$ 为例，就是在满足了在 A 桶中拿球的前提下，拿到灰色小球的条件概率，即在 A 桶中抓到灰色小球的概率。$P(灰色|A)$ 可以读作“灰色基于 A 的概率”或者“A 条件下抓到灰色小球的概率”。

由此可以推出，在 B 桶和 C 桶中分别抓取三种颜色小球的概率：

$$P(灰色|B)=0.4$$
$$P(黑色|B)=0.3$$
$$P(白色|B)=0.3$$
$$P(灰色|C)=0.2$$
$$P(黑色|C)=0.5$$
$$P(白色|C)=0.3$$

同理可以证明：

$$P(灰色|B)+P(黑色|B)+P(白色|B)=1$$
$$P(灰色|C)+P(黑色|C)+P(白色|C)=1$$

但是细心的读者会发现：

$$P(绿色|A)+P(绿色|B)+P(绿色|C)\neq 1$$

因为对于条件概率来说，“|”符号的右边是条件。可以说在同一个条件的基础上（如 A 桶），所有的概率总和为 1。但是如果条件不一致，则不满足所有概率总和为 1 的基本性质。

那么有些读者会好奇有没有 $P(A|灰色)$ 呢？其实是有的，可以根据前面条件公式的计算方法推断出它的计算公式如下：

$$P(A|灰色)=\frac{P(A,灰色)}{P(灰色)}$$

这种反向计算概率的含义究竟是什么？条件概率左右互换有没有意义？其作用又是什么？先在此留个伏笔，读者可以带着兴趣继续往下看。

5.1.2 混合抓球——初识联合概率和边缘概率

现在将 5.1.1 小节中的分别抓球游戏做一个小小的改动：取来一个大的混合桶，将 A、B、C 三个桶中的球全都倒进混合桶中，如图 5.2 所示。

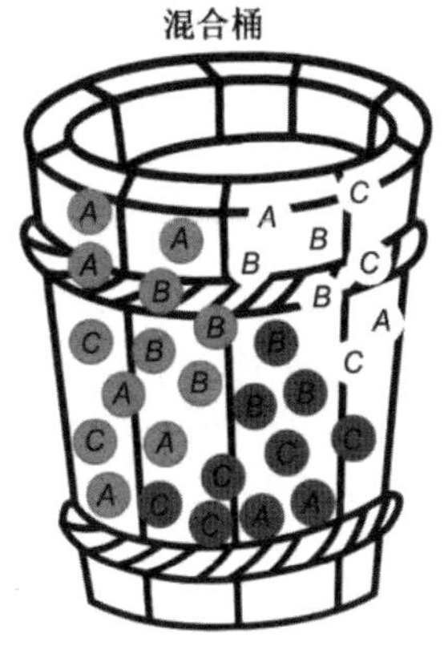

图 5.2　混合抓球游戏的示意图

现在混合桶中有 A、B、C 三种编号的小球，同时也有黑、灰、白三种颜色的小球。如果从混合桶中随机拿出一个小球，概率会是什么样子的呢？下面从两个维度进行分析。

如果按照小球的编号来看，由于 A、B、C 三个编号的小球数目相等，都是 10 个，那么随机拿出一个 A、B 或 C 编号的球的概率应该是相等的：

$$P(A)=P(B)=P(C)=\frac{10}{30}=0.33$$

显然可以证明：

$$P(A)+P(B)+P(C)=1$$

如果按照小球的颜色来看，由于起始各个桶中颜色分布不一致，因此抓到不同颜色小球的概率并不相同，也可以根据图 5.2 所示计算出来：

$$P(\text{灰色})=\frac{12}{30}=0.4$$

$$P(\text{黑色})=\frac{10}{30}=0.33$$

$$P(\text{白色})=\frac{8}{30}=0.27$$

这时显然也可以证明：

$$P(\text{灰色})+P(\text{黑色})+P(\text{白色})=1$$

和 5.1.1 小节分别计算每个桶中的概率不同，本书站在更高的层面去观察问题，抛开小的分类。例如，只考虑 A、B、C 编号而忽略颜色，这其实是概率论中的边缘概率。在边缘分布中，只考虑一个变量的概率分布，而不再考虑另一变量的影响，实际上是进行了一定的降维操作。在机器学习中，有时需要这种“粗略”的概率来对数据进行降维。例如，在分类时，有时只需识别出它是动物还是植物，而不需详细地知道是猫还是狗；或者在自动驾驶的判断中，可能在某一时刻，只需要模型给出是向左转还是向右转，具体的角度可以不那么精确。

对联合概率有了基本了解后，以混合抓球的概率为例，再回到图 5.2。计算每种颜色小球概率的详细过程可以用下面的式子表示：

$$P(\text{灰色}) = P(\text{灰色}, A) + P(\text{灰色}, B) + P(\text{灰色}, C)$$
$$= \frac{6}{30} + \frac{4}{30} + \frac{2}{30} = 0.4$$
$$P(\text{白色}) = P(\text{白色}, A) + P(\text{白色}, B) + P(\text{白色}, C)$$
$$= \frac{2}{30} + \frac{3}{30} + \frac{3}{30} = 0.27$$
$$P(\text{黑色}) = P(\text{黑色}, A) + P(\text{黑色}, B) + P(\text{黑色}, C)$$
$$= \frac{2}{30} + \frac{3}{30} + \frac{5}{30} = 0.33$$

同理，对应的 A、B、C 不同编号小球的概率也可以细分：

$$P(A) = P(\text{灰色}, A) + P(\text{白色}, A) + P(\text{黑色}, A)$$
$$= \frac{6}{30} + \frac{2}{30} + \frac{2}{30} = 0.33$$
$$P(B) = P(\text{灰色}, B) + P(\text{白色}, B) + P(\text{黑色}, B)$$
$$= \frac{4}{30} + \frac{3}{30} + \frac{3}{30} = 0.33$$
$$P(C) = P(\text{灰色}, C) + P(\text{白色}, C) + P(\text{黑色}, C)$$
$$= \frac{2}{30} + \frac{3}{30} + \frac{5}{30} = 0.33$$

此外，用到了联合概率。无论是条件概率还是边缘概率，其实都是对联合概率的算术运算的过程。在概率论中，对于两个随机变量 X 和 Y，其联合概率是同时对于随机变量 X 和 Y 的概率分布。以 $P(\text{灰色}, A)$ 为例，表示同时满足小球的编号是 A 且其颜色是灰色的概率。

显然所有可能情况的联合概率总和必然是 1：

$$P(\text{灰色}, A) + P(\text{灰色}, B) + P(\text{灰色}, C)$$
$$+P(\text{白色}, A) + P(\text{白色}, B) + P(\text{白色}, C)$$
$$+P(\text{黑色}, A) + P(\text{黑色}, B) + P(\text{黑色}, C) = 1$$

至此，已经初步了解了联合概率和边缘概率。5.1.3 小节将介绍有趣的贝叶斯理论。

注意

由于概率都是以小于或等于 1 的小数表示的，所以出现 1/3 这样的概率，本书都以四舍五入的小数代替。

5.1.3 条件互换——初识贝叶斯

在 5.1.1 和 5.1.2 小节中，已经讲了 $P(A|\text{灰色})$ 和 $P(\text{灰色}|A)$ 所代表的意义不同。本小节将详细讲解条件互换的过程，同时了解贝叶斯理论的基本思想。$P(\text{灰色}|A)$ 是指在 A 桶中抓到灰色小球的概率，而相对应的，$P(A|\text{灰色})$ 则代表所有灰色小球中来自 A 桶的概率。

首先设置场，三个不同的桶中的小球情况如下。

- A 桶：60%是灰色小球，20%是黑色小球，20%是白色小球。
- B 桶：40%是灰色小球，30%是黑色小球，30%是白色小球。
- A 桶：20%是灰色小球，50%是黑色小球，30%是白色小球。

然后将三个桶中的小球混合，放在一个装有隔板，并且分为左、中、右三个区间的特殊桶中。其中，第一层放 *A* 号小球，第二层放 *B* 号小球，第三层放 *C* 号小球，并且每一层中左边区域放黑色小球，中间区域放灰色小球，右边区域放白色小球，如图 5.3 所示。

在合并之前，以一层一层的隔板作为视角，因此可以得出：

$$P(\text{灰色}|A)=\frac{P(\text{灰色},A)}{P(A)}=0.2$$

现在分别从各自的区间透视，如图 5.4 所示，若只关注中间的灰色区域。

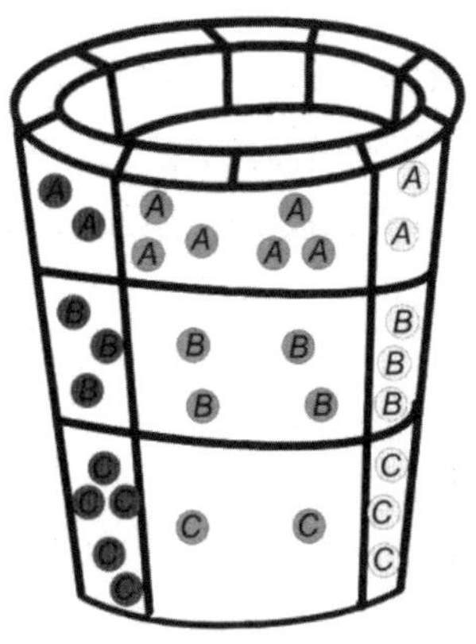

图 5.3　将桶中的小球合并到带隔板的桶中

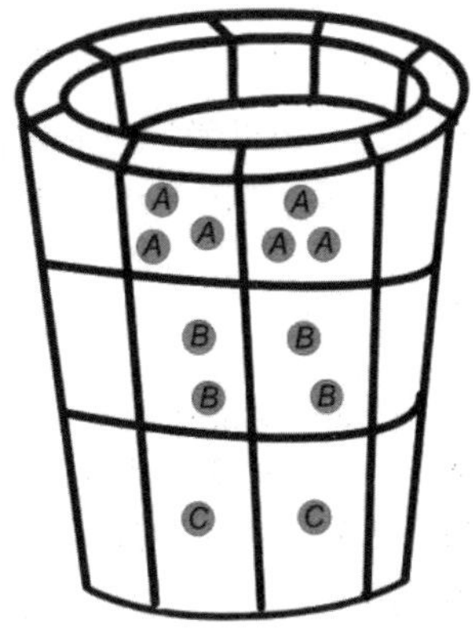

图 5.4　只专注中间的灰色区域

如果想知道 $P(A\,|\,灰色)$，只需要统计 $P(灰色, A)$ 和 $P(灰色)$。而通过数小球的方法，可以很容易就得到：

$$P(灰色\,|\,A) = 所有A号绿色小球的数目$$

$$P(灰色) = 所有绿色小球的数目$$

$$所有A号绿色小球的数目 + 所有B号绿色小球的数目$$

$$+ 所有C号绿色小球的数目 = 12$$

所以 $P(A\,|\,灰色) = \dfrac{P(灰色, A)}{P(灰色)} = \dfrac{6}{12} = 0.5$，这表明所有的灰色小球中，$A$ 号小球所占的比例为 50%。

概率论中的数学证明如下：

$$\begin{aligned}
P(A\,|\,灰色) &= \frac{P(灰色, A)}{P(灰色)} \\
&= \frac{P(灰色, A)}{P(灰色, A) + P(灰色, B) + P(灰色, C)} \\
&= \frac{P(灰色\,|\,A) \times P(A)}{P(灰色\,|\,A) \times P(A) + P(灰色\,|\,B) \times P(B) + P(灰色\,|\,C) \times P(C)} \\
&= \frac{0.6 \times 0.33}{0.6 \times 0.33 + 0.4 \times 0.33 + 0.2 \times 0.33} \\
&= 0.5
\end{aligned}$$

如果有足够多的先验条件，就可以很容易推断出反向条件的概率。根据上面的公式，同理可得

$$P(B\,|\,灰色) = 0.33$$

$$P(C\,|\,灰色) = 0.17$$

这种通过 $P(灰色\,|\,A)$ 逐步反向推理出 $P(A\,|\,灰色)$，就是贝叶斯理论的核心思想，其在机器学习中有着广泛的应用。无论是图像算法、自然语言处理，还是强化学习，都有很多算法可以借鉴或者直接使用了贝叶斯理论。

5.1.4 习题

判断下面公式的正确性，正确的打 √，错误的打×：

- $P(X = A,\ Y = B) = P(X = A) \times P(Y = B)$。 （ ）
- $P(X = A,\ Y = B) = P(X = A) + P(Y = B)$。 （ ）
- $P(X = A,\ Y = B) = P(X = B,\ Y = A)$。 （ ）
- $0 \leqslant P(X = A,\ Y = B) \leqslant P(X = A)$。 （ ）

➘ $\sum_{A} P(X=A,\ Y=B)=1$。 (　　)

5.2 条件概率

通过 5.1 节的介绍，已经对条件概率、边缘概率、联合概率以及基础贝叶斯理论有了一个整体了解。本节将会对条件概率进行详细的阐述，本节将介绍条件概率、边缘概率和联合概率之间的联系和不同。

5.2.1 条件概率的定义

在人们的生活中，条件概率随处可见。无论是精确值还是粗略值，很多情况下不存在绝对概率，或者说单纯地讲绝对概率其实毫无意义。例如，“天空乌云密布，这块地区很可能要下雨了”，是指在天空乌云密布这个前提或条件下，这个地区下雨的概率值很高。

下面以一个简单的例子来对条件概率加深理解。

幼儿园中有 A 班和 B 班两个班级。其中，A 班有 5 个男生，5 个女生；B 班有 6 个男生，4 个女生。

先来分析 A 班的情况：A 班一共有 10 名学生，其中男生和女生各占 5 人。也就是说在 A 班中随机喊一名学生过来，该名学生是男生的概率为 50%， 是女生的概率为 50%，用数学公式表示为

$$P(\text{性别}=\text{男生}\mid\text{班级}=A\text{班})=\frac{5}{10}=50\%$$

$$P(\text{性别}=\text{女生}\mid\text{班级}=A\text{班})=\frac{5}{10}=50\%$$

其中，$P(\text{左}\mid\text{右})$ 表示在右边情况成立的条件下，左边事件发生的概率，“|”可读作“基于”，英文为 Given。

用数学公式表示为

$$P(X=A,\ Y=B)=\frac{P(X=A,\ Y=B)}{P(Y=B)}$$

不难看出，对于 B 班里面的学生：

$$P(\text{性别}=\text{男生}\mid\text{班级}=B\text{班})=\frac{6}{10}=60\%$$

$$P(\text{性别}=\text{女生}\mid\text{班级}=B\text{班})=\frac{4}{10}=40\%$$

同时，将 A 班级的男生、女生概率加起来，即

$$P(性别=男生|班级=A班)+P(性别=女生|班级=A班)=1$$

在限定条件为在 A 班的前提下，所得的男生和女生的概率，也就是一直关于该班中学生的概率统计，因此在将班上所有同学都喊出来后，他们的概率和为 1，即

$$\sum_A P(X=A|Y=B)=1$$

不过，对于 $\sum_A P(Y=B|X=A)$ 并不等于 1。

对于上面的例子，可以用简单的 Python 代码来实现，示例代码如下。

代码 5.1　计算条件概率：Conditional_Probability.py

```
def Conditional_probability():
    #定义两个班级中的学生人数
    num_total_students_in_class_A = 10
    num_bogs_in_calss_A = 5
    num_girls_in_calss_A = 5
    num_total_students_in_class_B = 10
    num_bogs_in_calss_B = 6
    num_girls_in_calss_B = 4

    #计算 A 班中学生分布的条件概率
    print("计算 A 班中的条件概率:")
    print(" P(性别=男生|班级=A 班) = {}%".format(num_bogs_
in_calss_A / num_total_students_in_class_A * 100))
    print(" P(性别=女生|班级=A 班) = {}%".format(num_girls_in_
calss_A / num_total_students_in_class_A * 100))
    #计算 B 班中学生分布的条件概率
    print("计算 B 班中的条件概率:")
    print(" P(性别=男生|班级=B 班) = {}%".format(num_bogs_in_
calss_B / num_total_students_in_class_B * 100))
    print(" P(性别=女生|班级=B 班) = {}%".format(num_girls_in_
calss_B / num_total_students_in_class_B * 100))
```

输出结果为：

```
计算 A 班中的条件概率:
 P(性别=男生|班级=A 班) = 50.0%
 P(性别=女生|班级=A 班) = 50.0%
计算 B 班中的条件概率:
 P(性别=男生|班级=B 班) = 60.0%
 P(性别=女生|班级=B 班) = 40.0%
```

无论是在日常生活中还是在工作中，条件概率无处不在。在数学中，

常常使用控制变量法；而在物理学中，最常见的是条件分析，这些方法都关注在特定条件下的数据行为。举例来说，当统计某一类特定数值的分布时，仅仅计算其绝对数值可能缺乏实际意义，或者说在现实生活中，通常难以计算出这些绝对数值。因此，经常需要计算在满足一个或多个特定条件的前提下，事件发生的概率或行为的条件概率，即 $P(X=A|Y=B)$。

5.2.2 条件概率、联合概率和边缘概率的关系

在 5.1 节中，已经了解了条件概率、联合概率和边缘概率，现在仍然通过数数的方式，来详细地介绍这三个概率，以方便读者更好地理解它们之间的关系和区别。

（1）边缘概率 $P(X=A)$。

无论 B 是什么状态，所有 $X=A$ 的数目总和。

（2）联合概率 $P(X=A, Y=B)$。

同时满足 $X=A$ 和 $Y=B$ 的数目。

（3）条件概率 $P(X=A|Y=B)$

在满足了 $Y=B$ 的前提下，$X=A$ 的数目。

下面以一个例子来加深印象。假设一个班级进行了期中模拟考试，只考了语文和数学两门，班上同学的成绩见表 5.1。

表 5.1 班级中所有学生的期中考试成绩

学 生	语 文	数 学
A	60	65
B	70	75
C	80	75
D	90	85
E	60	95
F	80	65
G	90	75
H	70	85
I	80	95
J	80	85

现在分别计算以上三种不同概率的值。

（1）边缘概率 $P(语文=80)$。

由于统计的是无论条件 B 是什么状态，A 的数目总和，因此对班级中所有学生计数。分母为所有的学生数 10，分子为语文考了 80 分的学生数（C、F、I、J），因此分子为 4，那么边缘概率为

$$P(\text{语文}=80)=\frac{4}{10}=40\%$$

（2）联合概率 $P(\text{语文}=80, \text{数学}=95)$。

由于统计的是同时满足语文考 80 分，数学考 95 分的学生的概率，即在全班范围内的统计，所以分母为所有的学生数 10。下面对全班学生进行筛选，找出其中满足语文考了 80 分，数学考了 95 分的学生，只有学生 I，因此分子为 1，那么联合概率为

$$P(\text{语文}=80, \text{数学}=95)=\frac{1}{10}=10\%$$

（3）条件概率 $P(\text{数学}=95 \mid \text{语文}=80)$。

在满足“|”后面条件的前提下，“|”前面事件发生的概率，很显然条件概率并不是对全班同学进行统计。$P(\text{数学}=95|\text{语文}=80)$ 是对所有语文考了 80 分的同学进行统计，先选出满足语文=80 的学生：C、F、I、J，因此分母为 4，即

$$\text{Number}\ (\text{语文}=80)=4$$

然后在 C、F、I、J 这四个学生中开始选，找出数学考了 95 分的学生 I，因此分子为 1，那么条件概率为

$$P(\text{数学}=95 \mid \text{语文}=80)=\frac{1}{4}=25\%$$

上面的例子可以用简单的 Python 代码来实现，示例代码如下。

代码 5.2　计算三种概率：Three_Different_Probability.py

```
def Three_different_probability():
    #班级中学生的期中考试成绩
    #每个学生都有两个成绩，第一个为语文成绩，第二个为数学成绩
    test_score = {}
    test_score['A'] = [60, 65]
    test_score['B'] = [70, 75]
    test_score['C'] = [80, 75]
    test_score['D'] = [90, 85]
    test_score['E'] = [60, 95]
    test_score['F'] = [80, 65]
    test_score['G'] = [90, 75]
    test_score['H'] = [70, 85]
```

```
    test_score['I'] = [80, 95]
    test_score['J'] = [80, 85]
    #班级中的总共学生数
    num_students = len(test_score)

    #边缘概率 P(语文 = 80)
    num_chinese_80 = 0
    for name, score in test_score.items():
        if score[0] == 80:
            num_chinese_80 += 1
    print("边缘概率 P(语文 = 80) = {0}/{1} = {2}%".format(num_
chinese_80, num_students, num_chinese_80/num_students*100))

    #联合概率 P（语文=80, 数学=95）
    num_chinese_80_math_95 = 0
    for name, score in test_score.items():
        if score[0] == 80 and score[1] == 95:
            num_chinese_80_math_95 += 1
    print("联合概率 P（语文=80, 数学=95） = {0}/{1} = {2}%".format
(num_chinese_80_math_95, num_students, num_chinese_80_math_95 /
num_students * 100))

    #条件概率 P（数学=95|语文=80），由于分子、分母前面已经算出，可以直
     接计算
    print("条件概率 P（数学=95|语文=80） = {0}/{1} = {2}%".format
(num_chinese_80_math_95, num_chinese_80, num_chinese_80_math_95
/ num_chinese_80 * 100))
```

输出结果为：

```
边缘概率 P(语文 = 80)= 4/10 = 40.0%
联合概率 P(语文=80, 数学=95)= 1/10 = 10.0%
条件概率 P(数学=95|语文=80)= 1/4  = 25.0%
```

注意

本小节中的 $Num(X = A)$是指 $X = A$ 的数目，只与本书中通过数数的方式理解统计学契合，但并不是统计学中的通用表示，用在这儿只是方便读者理解。

5.2.3 三个及三个以上变量的条件概率

在 5.2.2 小节中学生考试成绩的例子的基础上，再加一组英语成绩，具体的成绩分布见表 5.2。

表 5.2　班级中所有学生的各科考试成绩

学　生	语　文	数　学	英　语
A	60	65	60
B	70	75	80
C	80	75	95
D	90	85	70
E	60	95	90
F	80	65	60
G	90	75	70
H	70	85	80
I	80	95	95
J	80	85	70

下面按照与计算两个变量的条件概率类似的方式，来计算对应的三种概率。

1．边缘概率

（1）边缘概率 $P(语文=80)$。

即使加了一门英语成绩，对于只考虑 $P(语文=80)$ 并没有影响。因此分母仍然为所有的学生数 10，分母为语文考了 80 分的学生数（C、F、I、J），即分子为 4，那么对应的边缘概率为

$$P(语文=80)=\frac{4}{10}=40\%$$

（2）边缘概率 $P(语文=80, 数学=95)$。

与只有两个变量的情况不同，现在固定住语文和数学分数，统计出来的仍然是边缘概率。不考虑英语成绩，统计的是同时满足语文考了 80 分，数学考了 95 分的学生的概率，这也是在全班范围内的统计，所以分母为所有的学生数 10。现在对全班同学进行筛选，找出其中满足语文考了 80 分、数学考了 95 分的学生，只有学生 I，因此分子为 1，那么对应的边缘概率为

$$P(语文=80, 数学=95)=\frac{1}{10}=10\%$$

2．联合概率

（1）联合概率 $P(数学=95, 语文=80)$。

统计同时满足语文考了 80 分、数学考了 95 分的学生的概率，这也是在全班范围内的统计，所以分母为所有的学生数 10。因为只考虑数学和语

文的成绩，所以暂时不考虑英语成绩。现在对全班同学进行筛选，找出其中满足语文考了 80 分，且数学考了 95 分的学生，只有学生 I，因此分子为 1，那么联合概率为

$$P(\text{语文}=80, \text{数学}=95)=\frac{1}{10}=10\%$$

（2）联合概率 $P(\text{数学}=95, \text{语文}=80, \text{英语}=90)$。

统计同时满足语文考了 80 分、数学考了 95 分、英语考了 90 分的学生的概率。同样，这也是在全班范围内的统计，所以分母为所有的学生数 10。因为并未找到同时满足三个分数的学生，因此联合概率为

$$P(\text{语文}=80, \text{数学}=95, \text{英语}=90)=\frac{0}{10}=0\%$$

3. 条件概率

（1）条件概率 $P(\text{数学}=95 \mid \text{语文}=80)$。

统计在满足“|”后面条件的前提下，“|”前面事件发生的概率，很显然条件概率并不是对全班学生进行统计。$P(\text{数学}=95 \mid \text{语文}=80)$ 是对所有语文考了 80 分的学生进行统计。这里不考虑英语成绩，先选出满足语文考了 80 分的学生（C、F、I、J），因此分母为 4，即

$$\text{Number}\ (\text{语文}=80)=4$$

然后在 C、F、I、J 这四个学生中开始选，找出数学考了 95 分的学生 I，因此分子为 1，那么条件概率为

$$P(\text{数学}=95 \mid \text{语文}=80)=\frac{1}{4}=25\%$$

（2）条件概率 $P(\text{数学}=95, \text{英语}=95 \mid \text{语文}=80)$。

统计在满足“|”后面条件的前提下，“|”前面事件发生的概率，很显然条件概率并不是对全班学生进行统计。$P(\text{数学}=95 \mid \text{语文}=80)$ 是对所有语文考了 80 分的学生进行统计。先找分母，选出满足语文考了 80 分的学生：C、F、I、J，因此分母为 4，即

$$\text{Num}\ (\text{语文}=80)=4$$

然后在 C、F、I、J 这四个学生中开始选，找出数学和英语都考了 95 分的学生 I，因此分子为 1，那么条件概率为

$$P(\text{数学}=95, \text{英语}=95 \mid \text{语文}=80)=\frac{1}{4}=25\%$$

（3）条件概率 $P(\text{数学}=95 \mid \text{语文}=80, \text{英语}=95)$。

计算另一种形式的条件概率，$P(\text{数学}=95\,|\,\text{语文}=80,\ \text{英语}=95)$ 是对所有语文考了 80 分、英语考了 95 分的学生进行统计。选出满足该条件的学生：C、I，因此分母为 2，即

$$\text{Num}(\text{语文}=80,\ \text{英语}=95)=2$$

然后在 C、I 这两个学生中开始选，找出数学考了 95 分的学生：I，因此分子为 1，那么条件概率为

$$P(\text{数学}=95\,|\,\text{语文}=80,\ \text{英语}=95)=\frac{1}{2}=50\%$$

上面的例子可以用简单的 Python 代码来实现，示例代码如下。

代码 5.3　计算多变量概率：Three_Different_Probability_Under_MultiConditions.py

```
def Three_different_probability_under_multiconditions():
    #班级中学生的期中考试成绩
    #每个学生都有三个成绩，第一个为语文成绩，第二个为数学成绩，第三个为
     英语成绩
    test_score = {}
    test_score['A'] = [60, 65, 60]
    test_score['B'] = [70, 75, 80]
    test_score['C'] = [80, 75, 95]
    test_score['D'] = [90, 85, 70]
    test_score['E'] = [60, 95, 90]
    test_score['F'] = [80, 65, 60]
    test_score['G'] = [90, 75, 70]
    test_score['H'] = [70, 85, 80]
    test_score['I'] = [80, 95, 95]
    test_score['J'] = [80, 85, 70]
    #班级中的总共学生数
    num_students = len(test_score)
    ##############边缘概率##############
    #边缘概率 P(语文 = 80)
    num_chinese_80 = 0
    for name, score in test_score.items():
        if score[0] == 80:
            num_chinese_80 += 1
    print("边缘概率 P (语文 = 80) = {0}/{1} = {2}%".format(num_
chinese_80, num_students, num_chinese_80/num_students*100))
    #边缘概率 P (语文=80, 数学=95)
    num_chinese_80_math_95 = 0
    for name, score in test_score.items():
        if score[0] == 80 and score[1] == 95:
```

```
            num_chinese_80_math_95 += 1
    print("边缘概率 P（语文=80, 数学=95） = {0}/{1} = {2}%".format
(num_chinese_80_math_95, num_students, num_chinese_80_math_95 /
num_students * 100))

    ##############联合概率##############
    #联合概率 P（语文=80, 数学=95），由于分子、分母前面已经算出，可以
     直接计算
    print("联合概率 P（语文=80, 数学=95） = {0}/{1} = {2}%".format
(num_chinese_80_math_95, num_students, num_chinese_80_math_95 /
num_students * 100))
    #联合概率 P（语文=80, 数学=95, 英语=95）
    num_chinese_80_math_95_english_95 = 0
    for name, score in test_score.items():
        if score[0] == 80 and score[1] == 95 and score[2] == 95:
            num_chinese_80_math_95_english_95 += 1
    print("联合概率 P（语文=80, 数学=95, 英语=95） = {0}/{1} =
{2}%".format(num_chinese_80_math_95_english_95, num_students,
num_chinese_80_math_95_english_95 / num_students * 100))

    ##############条件概率##############
    #条件概率 P（数学=95|语文=80），由于分子、分母前面已经算出，可以直
     接计算
    print("条件概率 P（数学=95|语文=80） = {0}/{1} = {2}%".format
(num_chinese_80_math_95, num_chinese_80, num_chinese_80_math_95 /
num_chinese_80 * 100))
    #条件概率 P（数学=95, 英语=95|语文=80）
    num_math_95_english_95 = 0
    for name, score in test_score.items():
        if score[1] == 95 and score[2] == 95:
            num_math_95_english_95 += 1
    print("条件概率 P（数学=95, 英语=95|语文=80） = {0}/{1} =
{2}%".format(num_math_95_english_95,num_chinese_80,num_math
_95_english_95/ num_chinese_80 * 100))
    #条件概率 P（数学=95|语文=80, 英语=95)
    num_chinese_80_english_95 = 0
    num_math_95_chinese_80_english_95 = 0
    for name, score in test_score.items():
        if score[0] == 80 and score[2] == 95:
            num_chinese_80_english_95 += 1
            if score[1] == 95:
                num_math_95_chinese_80_english_95 += 1
    print("条件概率P(数学=95|语文=80, 英语=95) = {0}/{1} = {2}%".format
(num_math_95_chinese_80_english_95,num_chinese_80_english_95,
```

5

```
num_math_95_chinese_80_english_95 / num_ chinese_80_english_95 *
100))
```

输出结果为：

```
边缘概率 P(语文=80)=4/10=40.0%
边缘概率 P(语文=80, 数学=95) = 1/10 = 10.0%
联合概率 P(语文=80, 数学=95) = 1/10 = 10.0%
联合概率 P(语文=80, 数学=95, 英语=95) = 1/10 = 10.0%
条件概率 P(数学=95|语文=80) = 1/4 = 25.0%
条件概率 P(数学=95, 英语=95|语文=80) = 1/4 = 25.0%
条件概率 P(数学=95|语文=80, 英语=95) = 1/2 = 50.0%
```

注意

当有三个及三个以上变量时，边缘概率只是一个相对的概率，应视实际情况认定。例如，本例中，*P*(数学=95，语文=80)既可以看作是统计的联合概率，也可以看作是统计的边缘概率，读者可以根据实际需求去定义。

5.2.4 习题

现有一组数据，分布见表 5.3，求 $P(B=1, A=0)$。

表 5.3 测试数据分布

变　量	*B*=0	*B*=1
A=0	0.1	0.3
A=1	0.2	0.4

5.3 贝叶斯理论

前面已经介绍了贝叶斯理论的所有基础知识，本节将分别从理论简介、公式推导再到实例深入，详细介绍贝叶斯公式。

5.3.1 贝叶斯公式简介

托马斯·贝叶斯（Thomas Bayes，1702—1763），18 世纪英国数学家、数学统计学家和哲学家，概率论的创始人，贝叶斯统计学的创造者，第一个使用数学来归纳概率，从“特殊性”推导出“一般性”，从样本规律推导整体规律，因此该公式以贝叶斯命名。

贝叶斯公式允许从因果关系的反方向计算概率，即从结果推断原因。更具体地说，这意味着不仅可以通过每个原因事件的概率和每个原因导致每个结果事件的概率来计算每个结果事件的发生概率，还可以反向推断每个原因事件导致每个结果事件的概率。这使得贝叶斯公式成为一种有力的工具，用于处理因果关系的概率推断。

贝叶斯的本质是先验概率和后验概率的换算，即根据条件概率计算问题的反方向。先来回顾一下贝叶斯公式：

$$P(A \mid B)=\frac{P(B \mid A) \times P(A)}{P(B)}$$

在这个公式中包含了四种概率，这四种概率在本节会多次出现，因此下面详细说明一下。

（1）$P(A)$：先验概率，表示对数据的初步认识或理解，即人们常说的第一印象。

（2）$P(B \mid A)$：条件概率，表示在确定了事件 A 发生的前提下，事件 B 发生的概率，可以理解为先决条件。

（3）$P(B)$：边缘概率，表示事件 B 发生的概率，该概率与事件 A 无关。

（4）$P(A \mid B)$：后验概率，通过贝叶斯理论求得的最终概率，这是在结合了先验概率、条件概率和边缘概率计算所得。整个过程可以抽象成：根据以往的经验，得到某一个事件 A 发生的先验概率 $P(A)$，同时可以计算出在事件 A 发生的前提下，事件 B 发生的概率 $P(B \mid A)$，又已知边缘概率 $P(B)$，可以通过上面的贝叶斯公式，推断出最终想要的后验概率 $P(A \mid B)$。

注意

由于边缘概率 $P(B)$与事件 A 无关，所以可以得出 $P(A|B) \propto P(B|A) \times P(A)$，同时在很多情况下，后验概率 $P(A|B)$并不是一次计算出来的，而是通过不断迭代，逐步优化，从而接近最终值。

5.3.2 贝叶斯公式的推导

为了更好地理解和证明贝叶斯公式，可以借助图形来理解。现在有两种事件：表示原因的事件 A 和表示结果的事件 B。按照常理，可以知道某一个原因发生后，导致结果的概率，即条件概率 $P(B \mid A)$；同时也可以知道条件发生的概率，即先验概率 $P(A)$。

根据由简及繁的准则，现在考虑单个原因导致结果的情形。最终需要证明的公式为

$$P(A_1 \mid B_1)=\frac{P(B_1 \mid A_1) \times P(A_1)}{P(B_1)}$$

首先将已知条件用图形表示，如图 5.5 所示。

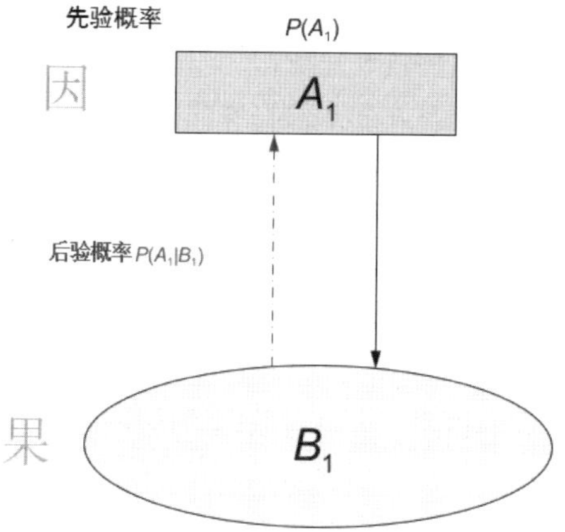

图 5.5　单个原因引发的结果

再根据先验概率 $P(B_1 \mid A_1)$ 来求后验概率 $P(A_1 \mid B_1)$。根据已知的条件，可以通过两种方式来求事件 A_1 和事件 B_1 同时发生的联合概率：

$$P(A_1,\ B_1) = P(B_1 \mid A_1) \times P(A_1)$$

$$P(A_1,\ B_1) = P(A_1 \mid B_1) \times P(B_1)$$

因此很容易得出：

$$P(A_1 \mid B_1) \times P(B_1) = P(B_1 \mid A_1) \times P(A_1)$$

从而单一原因下的贝叶斯公式得证：

$$P(A_1 \mid B_1) = \frac{P(B_1 \mid A_1) \times P(A_1)}{P(B_1)}$$

往往某一个结果的发生，并不是由于单个原因引起的，通常是多种原因组合的作用，因此通用的贝叶斯公式可以拓展为

$$P(A_i \mid B) = \frac{P(B \mid A_i) \times P(A_i)}{\sum_{i=1}^{n} P(B \mid A_i) \times P(A_i)}$$

与单个原因的情形一样，同样可以使用画图的方式来理解多种原因的情况。首先将现有的条件画出来，如图 5.6 所示。现有事件 A_1，A_2，…，A_n，它们分别对应先验概率 $P(A_1)$，$P(A_2)$，$P(A_3)$，…，$P(A_n)$，这些原因导致了对应的结果 B_1，B_2，B_3，…，B_n。同时已知原因 A_1 导致结果 B_1 的概率，即条件概率 $P(B_1 \mid A_1)$，相应的，也知道 $P(B_2 \mid A_2)$，$P(B_3 \mid A_3)$，…，$P(B_n \mid A_n)$。

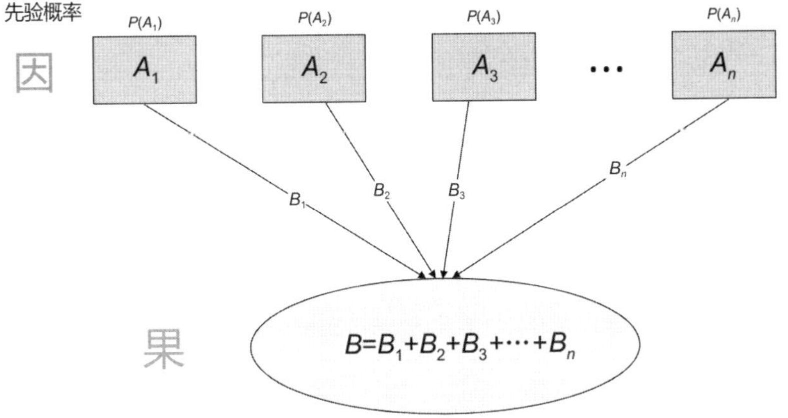

图 5.6　多个原因引发的结果

对于 $A_1 \to B_1$ 这一事件，已经知道了先验概率 $P(A_1)$ 和条件概率 $P(B_1 \mid A_1)$，因此得到的部分结果 B_1 发生的概率是：

$$P(B_1) = P(B_1 \mid A_1) \times P(A_1)$$

同理，对于其他事件，可以类比计算：

$$P(B_2) = P(B_2 \mid A_2) \times P(A_2)$$
$$P(B_3) = P(B_3 \mid A_3) \times P(A_3)$$
$$\vdots$$
$$P(B_n) = P(B_n \mid A_n) \times P(A_n)$$

现在所有的先验条件和它们之间的关系都已经准备好了，下面来看一下最终需要证明的公式：

$$P(A_i \mid B) = \frac{P(B \mid A_i) \times P(A_i)}{\sum_{i=1}^{n} P(B \mid A_i) \times P(A_i)}$$

将以上公式实例化，也就是：

$$P(A_1 \mid B) = \frac{P(B \mid A_1) \times P(A_1)}{\sum_{i=1}^{n} P(B \mid A_i) \times P(A_i)}$$

需要求证的是后验概率 $P(A_1 \mid B)$，如图 5.7 所示。

推导过程与单个原因的情况类似，已知最终结果的概率 $P(B)$ 是所有结果概率的总和：

$$P(B) = P(B_1) + P(B_2) + P(B_3) + \cdots + P(B_n) = \sum_{i=1}^{n} P(B_i)$$

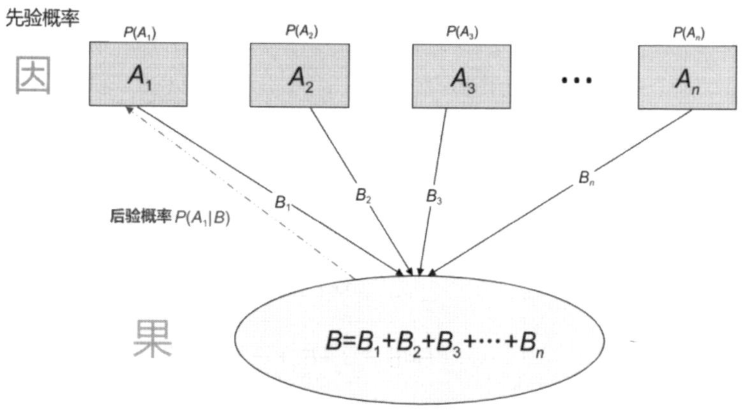

图 5.7　多原因情况下反推后验概率

已知：

$$P(B_i) = P(B_i \mid A_i) \times P(A_i)$$

因此，事件 B 发生的概率为

$$\begin{aligned} P(B) &= P(B_1 \mid A_1) \times P(A_1) + P(B_2 \mid A_2) \times P(A_2) \\ &\quad + P(B_3 \mid A_3) \times P(A_3) + \cdots + P(B_n \mid A_n) \times P(A_n) \\ &= \sum_{i=1}^{n} P(B_i \mid A_i) \times P(A_i) \end{aligned}$$

所以事件 A_1 和事件 B 的联合概率为

$$P(A_1, B) = P(A_1 \mid B) \times \sum_{i=1}^{n} P(B_i \mid A_i) \times P(A_i)$$

注意

此时的 $P(B)$称为统计学中的全概率。

同时，也可以单独得在原因 A_1 发生的情况下，结果 B 发生的条件概率 $P(B \mid A_1)$ 。又已知 A_1 发生的先验概率 $P(A_1)$ ，从而：

$$P(A_1, B) = P(B \mid A_1) \times P(A_1)$$

由上式右边可以得出：

$$P(B \mid A_1) \times P(A_1) = P(A_1 \mid B) \times \sum_{i=1}^{n} P(B_i \mid A_i) \times P(A_i)$$

因此

$$P(A_1 \mid B) = \frac{P(B \mid A_1) \times P(A_1)}{\sum_{i=1}^{n} P(B \mid A_i) \times P(A_i)}$$

将上面的公式普适化，可以得出：

$$P(A_i \mid B)=\frac{P(B \mid A_i)\times P(A_i)}{\sum_{i=1}^{n} P(B \mid A_i)\times P(A_i)}$$

到这里，贝叶斯公式的证明就完成了。在证明过程中，用到了全概率公式，读者可能会好奇，什么时候用全概率公式，什么时候用贝叶斯公式呢？通常由原因来求结果时，使用全概率公式；由结果反推原因时，用贝叶斯公式。

5.3.3 贝叶斯公式实例

谈到贝叶斯理论，就很自然地想到三扇门的问题，该问题是贝叶斯公式的经典体现。三扇门问题，又称蒙蒂·霍尔问题或蒙蒂·霍尔悖论，来自美国电视游戏节目《我们来做个交易》，该问题的名称来自于该节目的主持人蒙蒂·霍尔（Monty Hall）。三扇门问题如图 5.8 所示。该游戏的前提是：

- 一共有三扇门。
- 两扇门后面是羊，一扇门后面是跑车。
- 主持人知道是哪扇门后面有跑车，而嘉宾不知道。
- 嘉宾选中一扇门，但是先不打开。
- 主持人在剩下的两扇门中，打开后面是羊的那扇门。
- 嘉宾选择是坚持刚才的选择，还是换选最后的那扇门。

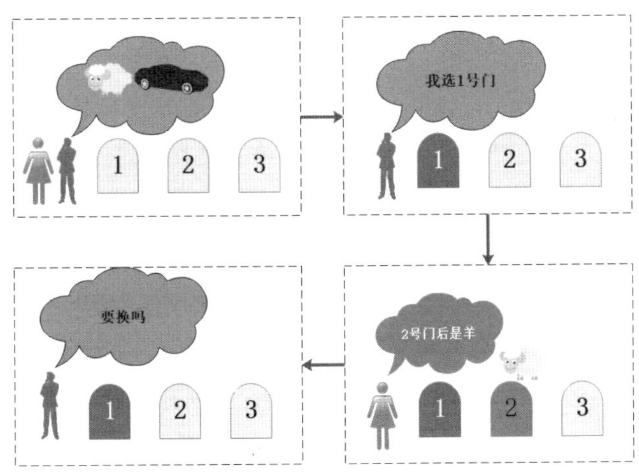

图 5.8　三扇门问题

在没有学习贝叶斯之前，人们会本能地认为三扇门后有汽车的概率是一样的，都是三分之一，因此无论主持人打开了哪扇门，无论嘉宾是坚持还是放弃，最终的概率都是一样的。但是事实确实是这样吗？下面通过贝叶斯理论来详细分析一下三扇门问题。

仍然用画图的方式解决这个问题。开始时，嘉宾因为不知道哪扇门后面有跑车，因此，三扇门后的任一扇门是跑的概率是一样的。先验概率为

$$P(A_1) = P(A_2) = P(A_3) = \frac{1}{3}$$

为了方便问题推导，假设嘉宾开始时选择了 1 号门，然后主持人打开了 2 号门，如图 5.9 所示。

虽然假定主持人打开 2 号门，但是也需要计算出主持人选择 2 号门的概率。

（1）如果 1 号门后面是跑车，那么主持人选择 2 号门和 3 号门的概率相等，即

$$P(B \mid A_1) = \frac{1}{2}$$

$$P(B_1) = P(B_1 \mid A_1) \times P(A_1)$$

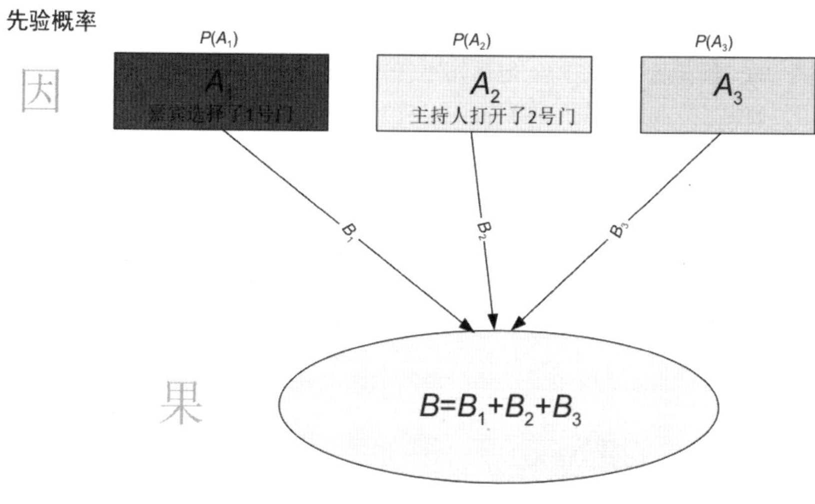

图 5.9　三扇门的初始条件

（2）如果 2 号门后面是跑车，那么主持人肯定不会选 2 号门，因此选择 2 号门的概率为 0，即

$$P(B \mid A_2) = 0$$

$$P(B_2) = P(B_2 \mid A_2) \times P(A_2)$$

（3）如果 3 号门后面是跑车，那么主持人肯定会选 2 号门，因此选择 2 号门的概率为 1，即

$$P(B \mid A_3) = 1$$

$$P(B_3) = P(B_3 \mid A_3) \times P(A_3)$$

由因到果，在计算 $P(B)$ 时，使用全概率：

$$\begin{aligned} P(B) &= P(B_1) + P(B_2) + P(B_3) \\ &= P(B_1 \mid A_1) \times P(A_1) + P(B_2 \mid A_2) \times P(A_2) \\ &\quad + P(B_3 \mid A_3) \times P(A_3) \\ &= \frac{1}{2} \times \frac{1}{3} + 0 \times \frac{1}{3} + 1 \times \frac{1}{3} = \frac{1}{2} \end{aligned}$$

既然已经有了边缘概率 $P(B)$、先验概率 $P(A_1)$ 和条件概率 $P(B \mid A_1)$，如图 5.10 所示，图中虚线所对应的后验概率 $P(A_1 \mid B)$ 就能够通过贝叶斯公式求出：

$$P(A_1 \mid B) = \frac{P(B \mid A_1) \times P(A_1)}{P(B)} = \frac{\frac{1}{2} \times \frac{1}{3}}{\frac{1}{2}} = \frac{1}{3}$$

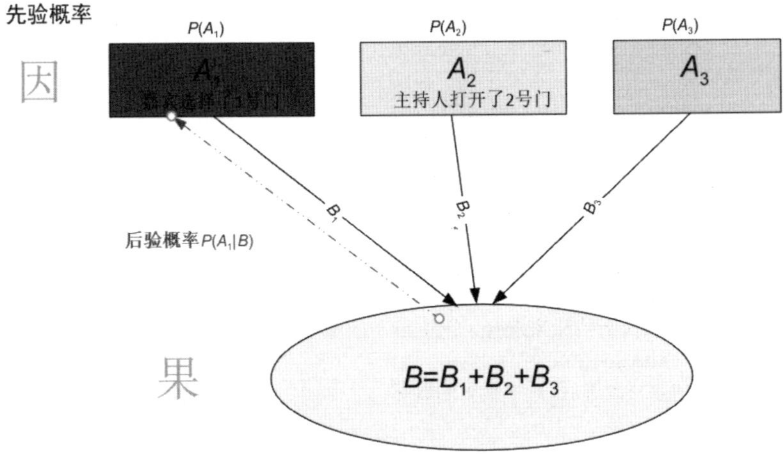

图 5.10　三扇门的后验概率

同理，可以求出后验概率 $P(A_3 \mid B)$：

$$P(A_3 \mid B)=\frac{P(B \mid A_3)\times P(A_3)}{P(B)}=\frac{1\times\frac{1}{3}}{\frac{1}{2}}=\frac{2}{3}$$

从结果中可以看出，嘉宾重新选择剩下的门后跑车的概率，是坚持原来选择的两倍，这与开始的设想并不一致。由此可见，主持人的操作其实影响了门后跑车的概率分布。

上面的例子可以用简单的 Python 代码来实现，示例代码如下。

代码 5.4　三扇门问题：Three_Door_Problem.py

```
from random import randint
from random import choice

def Three_Door_Problem():
    #坚持原来的选择会胜利的次数
    persist = 0
    #改变选择会胜利的次数
    change = 0
    for i in range(1000):
        #在 1、2、3 号门中随机一扇门后有跑车
        car = randint(1,3)
        #设置初始选择的门，嘉宾在 1～3 范围内随机选出
        first_choice=randint(1,3)
        #主持人打开后面是羊的门
        remain=[i for i in range(1,4) if i!=car and i!=first_
choice]
        reveal=choice(remain)
        #嘉宾改选
        second_choice=6-first_choice-reveal
        if first_choice==car:
            persist += 1
        if second_choice==car:
            change += 1
   print("嘉宾坚持原来选择，选中跑车的概率{:.2f}".format(persist/
(persist+change)))
   print("嘉宾改选后，选中跑车的概率{:.2f}".format(change / (persist
+ change)))
```

经过程序 1000 次模拟后，可以算出嘉宾坚持原来选择和改选的概率为：

```
嘉宾坚持原来选择，选中跑车的概率 0.36
嘉宾改选后，选中跑车的概率 0.64
```

该结果与通过贝叶斯推导出的结果一致。

注意

其实对于三扇门问题，可以换一种思维方式，即开始时，门后有跑车的概率相同，都是 1/3。但是当主持人打开那扇有羊的门后，这扇门后有跑车的概率瞬间变成了 0，原先属于这扇门后有跑车的 1/3 概率转移到了最后的那扇门。因为主持人打开的那扇门，对最终嘉宾是否选中跑车没有影响，因此嘉宾是否换选的本质是选一扇门还是两扇门。坚持原来的选择，就是选一扇门，选中跑车的概率为 1/3；改选剩下的门，就是选两扇门，选中跑车的概率为 2/3。

5.3.4 习题

现有三个箱子，第一个箱子中有两个黑色的球，第二个箱子中有两个灰色的球，第三个箱子中有两个球，其中一个是黑色的，另一个是灰色的。如图 5.11 所示，现在从三个箱子中随机选中一个箱子，若从其中拿出的是一个黑色的球，那么剩下的那个球也是黑色的概率是多少？

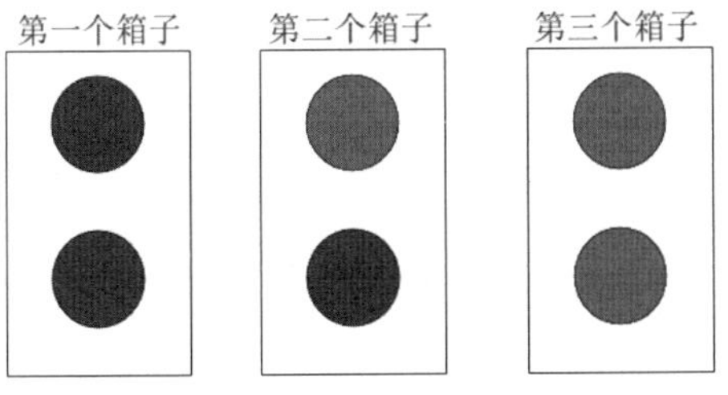

图 5.11 从三个箱子中选球

5.4 温故而知新

学完本章后，读者需要回答以下问题：

- 什么是条件概率、边缘概率和联合概率？
- 在哪种情况下，边缘概率和联合概率可以互换？
- 贝叶斯的四大要素是什么？
- 先验概率和后验概率的区别是什么？
- 贝叶斯概率主要解决什么问题？
- 何时使用全概率？何时使用贝叶斯概率？

第6章 随机过程

前面已经了解了关于随机变量的概率论知识。而随机过程是一组以时间或空间为索引的随机变量。随机过程的含义是指有一个系统，在一定时间内观察结果，而每个时间点的观察值是一个随机变量。系统中的每个随机变量都取自同一状态空间，如随着时间的推移，当地天气的变化。由于其随机性，随机过程可以有无数结果。随机过程是概率论和统计学的一个有趣与具有挑战性的领域，在应用科学中被广泛使用。本章将具体讲解随机过程的相关内容。

本章主要涉及以下知识点。

- 随机过程简介：随机过程的定义和性质。
- 伪随机数：伪随机数的定义以及如何生成伪随机数。
- 马尔可夫过程：马尔可夫链的定义、转换概率、平稳分布、极限分布以及隐马尔可夫模型。
- 高斯模型：高斯模型的定义和性质。

6.1 随机过程简介

在概率论中，随机过程被定义为随机变量的集合，该集合是由某一维实数 t 相互联系的。通常 t 表示时间，假设对于时间集合 $\{t \in T\}$，随机变量 X 所有的取值组成的集合 $\{X(t) \mid t \in T\}$ 称为随机过程的状态空间，通常用 S 表示。更广泛地说，随机过程是指针对某些随机变量的索引，常见的随机过程包括马尔可夫过程、泊松过程和时间序列，其中索引变量是指时间，统计的是变量随时间变化的性质。随机过程的索引可以是离散的，也可以是连续的。随机过程在许多学科中都有应用，如金融、生物学、化学、图像处理和计算机科学等。

大到宇宙运动，小到分子间相互作用，都离不开时间的作用。从数学的角度，时间是对现有三维世界添加了一个统计维度。例如各地区在时刻 1、时刻 2、时刻 3 的气温见表 6.1～表 6.3。

表 6.1　时刻 1 各地的区气温

地点	A	B	C	D	E
温度/°C	38	40	36.5	29	10

表 6.2　时刻 2 各地区的气温

地点	A	B	C	D	E
温度/°C	37	39	35.5	28	9

表 6.3　时刻 3 各地区的气温

地点	A	B	C	D	E
温度/°C	36	38	34.5	27	8

若统计某个表格，无法得到有用的信息。但是若引入时间维度，将三个表格串联起来，就可得到如图 6.1 所示的串联图。

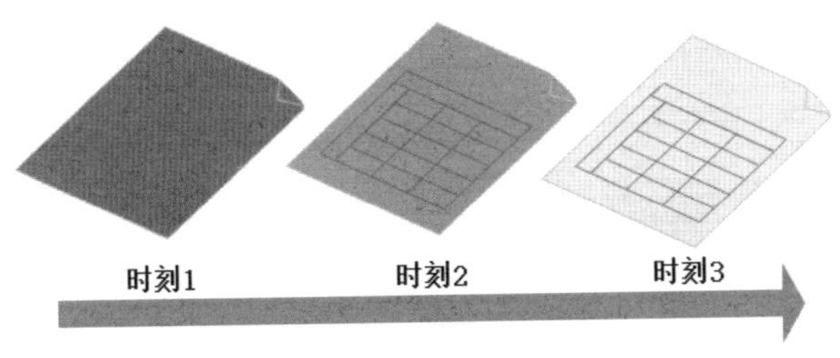

图 6.1　串联三个时刻的统计表

若将 A 地区在三个时刻的气温提取出来，见表 6.4，就能很容易地发现随着时间的推移，A 地区的温度在逐步下降。

表 6.4　A 地区三个时刻的气温

时刻	时刻 1	时刻 2	时刻 3
温度/°C	38	37	36

从上面的例子可以看出，若人们置身于某一刻的世界，会被周围其他数据或噪声干扰，无法做出判断；当跳出当前世界，从时间维度去俯瞰整个过程，总能总结出一些规律。这种利用时间工具研究复杂世界的方法，就是本章所要介绍的随机过程。

随机过程的发展经历了以下三个过程。

- 独立同分布（Identical Independent Distributed，IID）：假设每个随机变量是独立同分布的。
- 马尔可夫（Markov）：假设目前的状态只与前一个状态有关。

- 平稳性（stationarity）：假设每个随机变量的分布各不相同，随机变量的平均值固定，并且相邻随机变量的协方差固定。

6.2 马尔可夫过程

马尔可夫过程以 Andrei Markov 命名，是所有随机过程中使用最多的一种随机过程。马尔可夫过程描述的是一连串可能发生的事件，其中每个事件的概率只取决于前一个事件中达到的状态。马尔可夫过程是一个以时间为索引的随机过程，其特性是在给定的现在，与未来和过去无关。从某种意义上说，马尔可夫过程是微分方程和递归关系的产物。

马尔可夫过程的复杂性在很大程度上取决于两点：

- 时间索引是离散的还是连续的；
- 状态空间是离散的还是连续的。

如上所述，马尔可夫过程是一个具有无记忆特性的随机过程。数学中的“无记忆性”一词是概率分布的一个属性。它一般是指与某一事件发生相关的时间不取决于已经过去了多少时间的情况。换句话说，当一个模型具有无记忆属性时，它意味着模型“忘记”了系统处于哪种状态。因此，概率不会受到过程以前状态的影响。这种无记忆的特性是马尔可夫过程的主要特征。与马尔可夫过程相关的预测是以其当前状态为条件的，与过去和未来的状态无关。

说明

当状态空间是一般连续性空间时，马尔可夫过程通常需要施加连续性假设，以排除各种类型的怪异行为，否则会使理论复杂化。为了方便读者理解，本书默认状态空间是离散可数的。关于马尔可夫连续拓扑空间的部分，本书将不作过多介绍，若读者对该部分感兴趣，可查阅相关资料或联系本书作者。

6.2.1 马尔可夫链

马尔可夫链特指状态空间是离散的，并且时间索引也为离散的马尔可夫过程。马尔可夫链概述了基于前一个事件而发生的一系列事件的相关概率，这是一个非常常见的、简单易懂的模型，在经常处理时序数据的各个行业中被高度使用。例如，谷歌搜索的排序算法就是基于马尔可夫链实现的。通过数学推理，人们能够利用马尔可夫链来预测未来。

马尔可夫过程的主要目标是确定从一个状态过渡到另一个状态的概

率，即随机变量的未来状态只取决于其当前状态。马尔可夫链的示意图如图 6.2 所示，图 6.2 中最后的白色 6 号节点，只与 5 号节点有关，与前面的所有节点都没有关系。

图 6.2　马尔可夫链示意图

用数学方式描述马尔可夫链，假设现有一组满足马尔可夫过程的随机事件 $X_1, X_2,\cdots, X_n$，这组事件的过去、现在和未来状态相互独立，且

$$P(X_1 = x_1,\ X_2 = x_2,\ \cdots,\ X_n = x_n) > 0$$

那么马尔可夫链可用下式表示：

$$P(X_{n+1} = x_{n+1} \mid X_1 = x_1,\ X_2 = x_2,\ \cdots,\ X_n = x_n) = P(X_{n+1} = x_{n+1} \mid X_n = x_n)$$

其中，集合 $\{x_1,\ x_2,\ \cdots,\ x_n\}$ 表示该马尔可夫链的状态空间。

有时也用相互链接的有向图来表示马尔可夫链，如图 6.3 所示，从 n 时刻的状态到 $n+1$ 时刻的状态，可用概率 $P(X_{n+1} = x_{n+1} \mid X_n = x_n)$ 描述。

图 6.3　马尔可夫链有向图

在连续型马尔可夫链的基础上，还延伸出了两种特殊的马尔可夫链。

（1）静态马尔可夫链

随机变量 X 的状态转移概率与 n 无关，可用公式描述为

$$P(X_{n+1} = x \mid X_n = y) = P(X_n = x \mid X_{n-1} = y)$$

（2）M 阶马尔可夫链

未来的状态不只取决于当前的状态，还取决于前 m 个状态，可用公式描述为

$$\begin{aligned}&P(X_{n+1} = x_{n+1} \mid X_1 = x_1,\ X_2 = x_2,\ \cdots,\ X_n = x_n)\\&= P(X_{n+1} = x_{n+1} \mid X_{n-m} = x_{n-m},\ X_{n-m-1} = x_{n-m-1},\ \cdots,\ X_n = x_n)\end{aligned}$$

其中，$n > m$。

因此，根据定义可以得出，马尔可夫链依赖于两个关键元素：

- 随机事件的初始状态，即初始概率；
- 随机事件相互转换的概率，即转换的条件概率。

形式上，马尔可夫链是一个概率自动机。状态转移的概率分布通常表

示为马尔可夫链的转移矩阵。如果马尔可夫链有 N 个可能的状态，则该矩阵将是一个 $N\times N$ 矩阵，矩阵中每个元素代表从状态 I 转换到状态 J 的概率。该转移矩阵必须是一个随机矩阵，并且因为每一行代表它自己的概率分布，所以每一行中的元素加起来必须正好为 1。

下面通过一个简单的例子来加深对马尔可夫链的理解。

假设在状态空间中有两种状态（A 和 B），有 4 种可能的转换（不是 2 种，因为状态可以转换回自身）。A、B 状态的马尔可夫链图如图 6.4 所示，如果变量在 A 状态，以一定概率过渡到 B 或留在 A；如果变量在 B 状态，以一定概率过渡到 A 或留在 B。在该状态图中，从任何状态转换到任何其他状态的概率为 0.5。

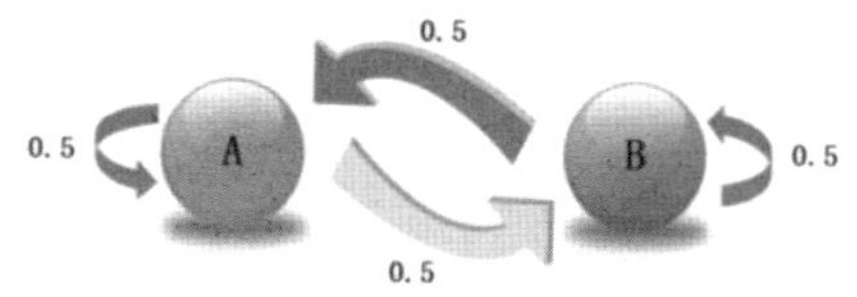

图 6.4　A、B 状态的马尔可夫链图

当然，真正的建模过程并不需要画出上面马尔可夫链图，而是使用“转移矩阵”来计算转移概率。状态空间中的每个状态都作为行和列，并且矩阵中的每个单元格表示从一个行状态转换到其列状态的概率。在矩阵中，单元格与图中箭头的作用相同，该例中绘制的转移矩阵见表 6.5。

表 6.5　A、B 状态的转移矩阵

状　态	A	B
A	0.5	0.5
B	0.5	0.5

如果在状态空间中添加一个状态，即添加一行和一列，则每个现有的列和行添加一个单元格。这表示向马尔可夫链中添加状态时，单元格的数量呈二次增长。马尔可夫链通常被用来模拟真实世界，在后面的实战篇中，将会用到以马尔可夫链为基础的强化学习来解决问题。

6.2.2　马尔可夫链的性质

马尔可夫链是一个随机过程，它在离散状态空间中以离散时间演化，其中状态之间转换的概率仅取决于当前状态。该系统是完全无记忆的。

本节将只给出一些基本的马尔可夫链属性或特征。这个想法不是深入研究数学细节，而是更多地概述使用马尔可夫链时需要研究的兴趣点。正如前面介绍的，在有限状态空间的情况下，可以将马尔可夫链描绘成一个图或表。

马尔可夫链具有以下几个性质。

1. 不可约性

如果可以在某个给定时间步长内从任何给定状态转换到另一个状态，则称马尔可夫链是不可约束的，所有状态都相互通信。在数学上，存在一些时间步长 $t>0$，其中：

$$P_{i,j}(t)>0$$

这是在某个给定时间步长 t 内从状态 i 转换到状态 j 的概率 P。

如果状态空间是有限的，并且链可以用图来表示，那么可以说不可约马尔可夫链的图是强连通的。如图 6.5 所示，状态 C 和状态 D 无法到达状态 A、B，因此该马尔可夫链不满足不可约性。

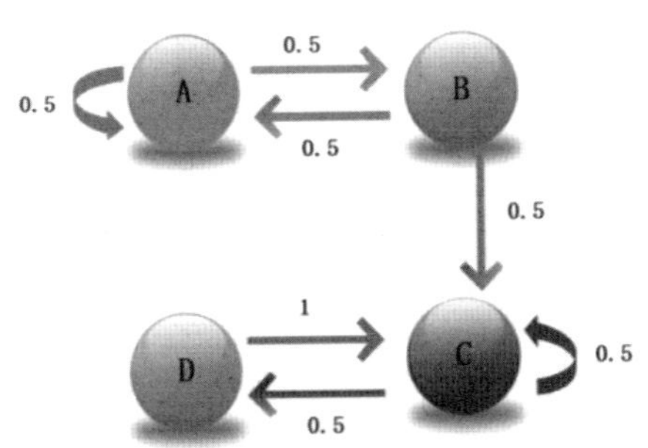

图 6.5　可约的马尔可夫链

若将状态 D 的转换概率修改一下，如图 6.6 所示，图 6.6 中每个状态都可以从任何其他状态到达，则该马尔可夫链是不可约的。

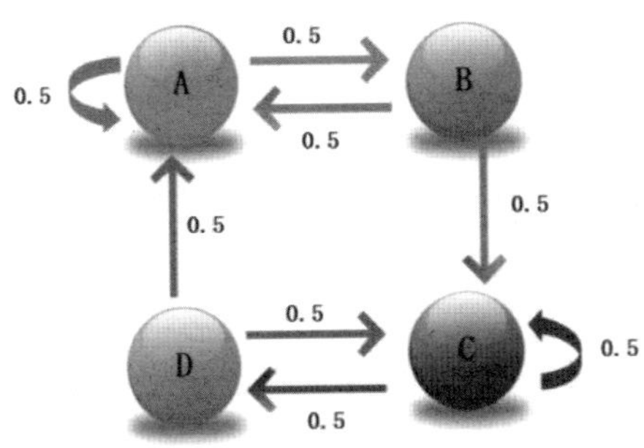

图 6.6　不可约的马尔可夫链

2. 周期性

如果一个状态被定义为吸收，当到达这个状态时，就不能离开它。换句话说，它有 100%的概率过渡到自己。吸收状态的周期为 1，因为对于每个后续时间步长，最终都会回到相同的状态。对于不可约马尔可夫链而言，如果一个状态是非周期性的，那么所有状态都是非周期性的。

在数学上，状态 i 的周期是 $t>0$ 时所有整数的最大公分母：

$$P_{i,i}(t)>0$$

如果状态空间是有限的，并且链可以用图来表示，如图 6.7 所示。对于图中的马尔可夫链，每个状态的周期为 4。这是因为如果在 $t=0$ 时离开状态 A，会在 $t=4$ 时回到状态 A。此外，由于每个状态都是周期性的，因此马尔可夫链是周期性的，周期为 4。

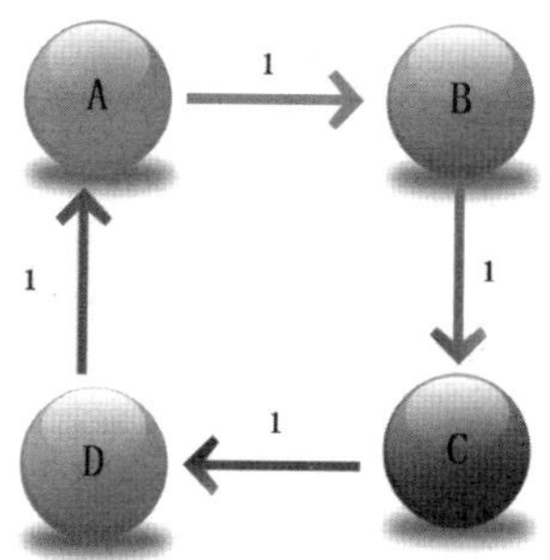

图 6.7　马尔可夫链的周期性

注意

自转移概率不一定非要为 1 才具有非周期性，它只需要大于 0。因此，所有吸收状态都是非周期性的，但并非所有非周期性状态都是吸收状态。

3. 短暂性和循环性

如果在马尔可夫链中，节点在进入该状态时，若给定状态 i 被认为是短暂的，则链可能永远不会再次返回状态 i 的正概率。而循环状态基本上是非短暂的，因此，当进入状态 i 时，概率为 1，链肯定会无限次返回到该给定状态（假设采用无限时间步长）。

节点在离开这个状态时，永远不会回到这个状态的概率为零，那么这个状态是短暂的。相反，如果知道未来将会以 1 的概率返回该状态（如果它不是短暂的），则该状态是循环的。

如果状态空间是有限的，并且链可以用图来表示，如图 6.8 所示。对于图中的马尔可夫链，可以看到状态 A 和状态 B 是短暂的，因为当离开这两个状态时，有可能最终处于仅相互通信的状态 C 或状态 D。而状态 C 和状态 D 是循环的，因为当离开状态 C 时，将在两个时间步长内回到状态 C。

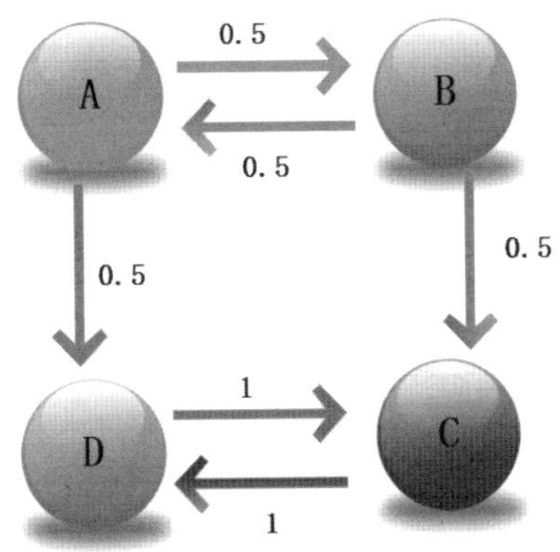

图 6.8　马尔可夫链的短暂性和循环性

说明

这些属性不一定限于有限状态空间的情况。

下面通过一个实例加深对马尔可夫链的理解。

假设现在有个小孩周末在家，白天通常会看书、睡觉或玩游戏，并且这三个状态的转换概率如图 6.9 所示。计算该小孩开始在睡觉，2 天后再玩游戏的概率。

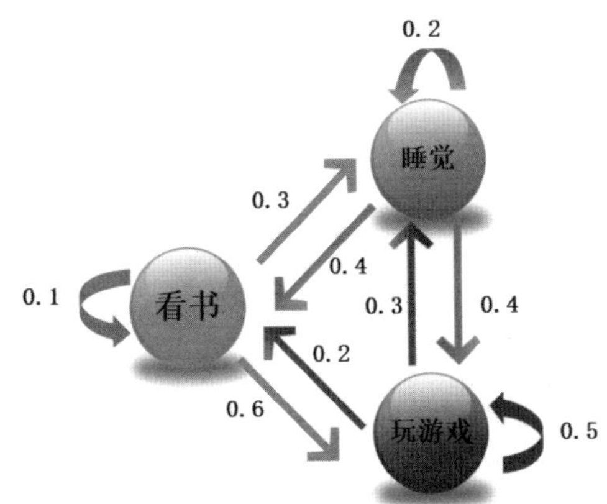

图 6.9　小孩周末状态转换示意图

首先做出转换矩阵，见表 6.6。

表 6.6　小孩周末状态转换矩阵

矩阵变量	睡　觉	看　书	玩游戏
睡觉	0.2	0.4	0.4
看书	0.3	0.1	0.6
玩游戏	0.3	0.2	0.5

小孩周末状态转换可以用简单的 Python 代码来实现，示例代码如下。

代码 6.1　状态模拟：State_Simulation.py

```
import numpy as np

#三个状态
states = ["睡觉","看书","玩游戏"]
#转换矩阵的名称
transitionName = [["SS","SR","SG"],["RS","RR","RG"],["GS","GR",
"GG"]]
#转换矩阵的概率
transitionMatrix = [[0.2,0.4,0.4],[0.3,0.1,0.6],[0.3,0.2,0.5]]

#确保每个状态的概率和为 1
assert sum(transitionMatrix[0])==1 and sum(transitionMatrix[1])==
1 and sum(transitionMatrix[1]) == 1

def State_Simulation(days, start_state):
    print("开始在{}".format(start_state))
    #状态空间列表
    activityList = [start_state]
    #初始状态
    prob = 1
    for i in range(days):
        #若起始状态是睡觉
        if start_state == "睡觉":
            #随机选取
            change = np.random.choice(transitionName[0],replace=
True,p=transitionMatrix[0])
            if change == "SS":
                #更新概率
                prob = prob * 0.2
                activityList.append("睡觉")
                pass
            elif change == "SR":
                #更新概率
```

```
            prob = prob * 0.4
            #更新当前状态
            start_state = "看书"
            activityList.append("看书")
        else:
            #更新概率
            prob = prob * 0.4
            #更新当前状态
            start_state = "玩游戏"
            activityList.append("玩游戏")
    #若起始状态是看书
    elif start_state == "看书":
        #随机选取
        change = np.random.choice(transitionName[1],replace=
True,p=transitionMatrix[1])
        if change == "RR":
            #更新概率
            prob = prob * 0.1
            activityList.append("看书")
            pass
        elif change == "RS":
            #更新概率
            prob = prob * 0.3
            #更新当前状态
            start_state = "睡觉"
            activityList.append("睡觉")
        else:
            #更新概率
            prob = prob * 0.6
            #更新当前状态
            start_state = "玩游戏"
            activityList.append("玩游戏")
    #若起始状态是玩游戏
    elif start_state == "玩游戏":
        #随机选取
        change = np.random.choice(transitionName[2],replace=
True,p=transitionMatrix[2])
        if change == "GG":
            #更新概率
            prob = prob * 0.5
            activityList.append("玩游戏")
            pass
        elif change == "GS":
```

```
            #更新概率
            prob = prob * 0.3
            #更新当前状态
            start_state = "睡觉"
            activityList.append("睡觉")
        else:
            #更新概率
            prob = prob * 0.2
            #更新当前状态
            start_state = "看书"
            activityList.append("看书")
    print("所有可能的状态为: " + str(activityList))
    print("在 "+ str(days) + " 天后" + start_state + "的概率为: "
+ str(prob))
```

输出结果为：

```
开始在睡觉
所有可能的状态为: ['睡觉', '玩游戏', '玩游戏']
在 2 天后玩游戏的概率为: 0.2
```

6.2.3 隐马尔可夫模型

当不能观察状态本身，而只能观察状态的某些概率函数（观察）的结果时，可以使用隐马尔可夫模型。隐马尔可夫模型（Hidden Markov Model，HMM）是一种统计马尔可夫模型，其中被建模的系统被假定为具有未观察（隐藏）状态的马尔可夫过程。

在马尔可夫链中，所有的状态都是可见的，因此简单的马尔可夫链的转移矩阵中只包含了转移概率。而在隐马尔可夫模型中，状态函数是不可见的，通常称为隐藏态，如图 6.10 所示。只能获取到每个状态所对应的观测值 Y，并且观测值 Y 的概率分布只和对应的状态 X 有关，通常称为观测态。因此，在隐马尔可夫的转换矩阵中，除了隐藏态取值空间和隐藏态转移概率之外，还有隐藏态到观测态的概率和观测态的取值空间。

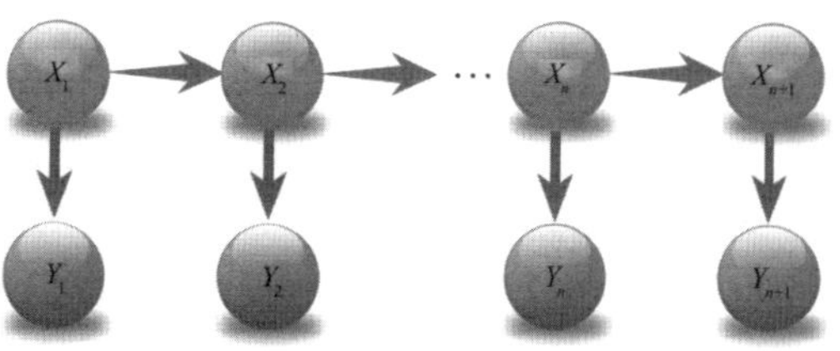

图 6.10　隐马尔可夫模型

HMM 由两个随机过程组成，即隐藏态的不可见过程和观测态的可见过程。隐藏态形成马尔可夫链，观测态的概率分布取决于隐藏态的底层状态。因此，HMM 也称为双嵌入随机过程。在这两层（一层可见，另一层不可见）中对观察进行建模非常有用，因为许多现实世界的问题涉及将原始观察分类为更有意义的多个类别或类标签。

用数学的方式描述隐马尔可夫过程，假设现有一组满足马尔可夫过程的随机事件 $X_1, X_2, \cdots, X_n$，那么满足：

$$P(X_{n+1}=x_{n+1} \mid X_1=x_1, X_2=x_2, \cdots, X_n=x_n)$$
$$=P(X_{n+1}=x_{n+1} \mid X_n=x_n)$$

其中，集合 $\{x_1, x_2, \cdots, x_n\}$ 表示该马尔可夫链的隐藏态。而对应的观测态 $\{y_1, y_2, \cdots, y_n\}$ 则满足：

$$P(Y_{n+1}=y_{n+1} \mid Y_1=y_1, Y_2=y_2, \cdots,$$
$$Y_n=y_n, X_1=x_1, X_2=x_2, \cdots, X_n=x_n)$$
$$=P(Y_{n+1}=y_{n+1} \mid X_{n+1}=x_{n+1})$$

$$P(Y_{n+1}=y_{n+1} \mid Y_1=y_1, Y_2=y_2, \cdots, Y_n=y_n)=P(Y_{n+1}=y_{n+1} \mid Y_n=y_n)$$

6.2.4 习题

假设有一个人在一天内会进行三种不同的活动：跑步、健身，或者看电视。这个人的状态转换概率如下。

（1）从跑步转换到健身的概率为 0.4。

（2）从跑步转换到看电视的概率为 0.3。

（3）从健身转换到跑步的概率为 0.2。

（4）从健身转换到看电视的概率为 0.4。

（5）从看电视转换到跑步的概率为 0.1。

（6）从看电视转换到健身的概率为 0.3。

现在，要计算这个人从跑步开始，两天后在健身的概率。

6.3 高斯过程

随机过程通常描述随时间随机变化的系统。由于系统中的不确定性，这些过程是随机的，即使起点是已知的，过程也可以向多个方向发展。高斯过程是以 Carl Friedrich Gauss 命名的，因为它基于高斯分布（正态分布）的概念。高斯过程（Gauss Process，GP）作为随机过程中一种常见的分布，顾名思义，它是具有高斯分布的随机变量的随机过程。

6.3.1 高斯过程的定义

高斯分布，又称正态分布（Normal Distribution），是自然界和科学实验中最常见的连续型概率分布，表示连续随机变量服从基于位置 μ 尺寸为 σ 的正态分布，记作 $X \sim N(\mu, \sigma^2)$ 。高斯分布的期望值决定了数据的分布中心，方差决定了数据的分散程度。高斯分布概率密度函数为

$$f(x, \mu, \sigma) = \frac{1}{\sigma\sqrt{2\pi}} \exp\left[-\frac{(x-\mu)^2}{2\sigma^2}\right]$$

如果 $\mu = 0$ 且 $\sigma = 1$，则称这个分布满足标准正态分布，PDF 公式可以简化为

$$f(x) = \frac{1}{\sqrt{2\pi}} \exp\left(-\frac{x^2}{2}\right)$$

高斯过程可以看作是多元正态分布的无限维推广，具有以下性质：

- 描述的是连续时间内的随机过程。
- 每个时间点的随机变量都满足正态分布。
- 任意 N 个时间点构成多元正态集合。
- 所有时间点的联合分布组成了高斯过程。

因此，高斯过程是随机变量的集合，其中任意有限数量的变量具有一致的高斯分布。用数学描述，若一个随机过程 $\{X_t, \ t \in T\}$ 是高斯过程，那么对于该集合的任意有限子集：

$$\{X_{t1}, X_{t2}, \cdots, X_{tk}\} \subset \{X_t, \ t \in T\}$$

都满足 $\{X_{t1}, X_{t2}, \cdots, X_{tk}\}$ 是多元高斯分布。

也就是说 $\{X_{t1}, X_{t2}, \cdots, X_{tk}\}$ 的任意线性组合都是单变量正态分布，记作 $X \sim GP(m,k)$ ，其中 m 表示平均值，k 表示协方差。

6.3.2 高斯过程的性质

由于高斯过程是无数高斯分布的组合，因此高斯过程满足以下两个性质。

（1）方差有限性。

在任意时刻，高斯过程的方差都是存在且有限的，即

$$\mathrm{Var}[X(t)] = E[\{X(t) - E[X(t)]\}^2] < \infty, \ \forall t \in T$$

（2）平稳性。

对于一般随机过程而言，严格意义上的平稳性意味着广义平稳性，但并非每个广义平稳性随机过程都是严格意义上的平稳性。对于高斯随机过程，这两个概念是等价的。

因此，高斯过程完全由其平均值和协方差函数决定。这一特性为模型拟合提供了便利，因为只需求解高斯过程的一阶和二阶矩阵，解决预测问题是相对直接的。

6.3.3 高斯过程的核函数

高斯过程是一种通用的监督学习方法，旨在解决回归和概率分类问题。回归的本质是给定标记好的 x–y 数据对，在输入新的 x 时，模型能够准确地预测到 y 的值。高斯过程先给定一个先验条件，认为所有的 y 都满足多维的联合高斯分布。当需要通过 x 预测 y 时，只需要基于贝叶斯理论，通过计算不同时间段 x 的协方差矩阵和 y 的协方差矩阵，利用相关系数就能够预测出 y 值。通常使用核函数来计算协方差矩阵，高斯过程常见的核函数有以下几种。

（1）常数核函数：

$$K_C(x, x') = C$$

（2）线性核函数：

$$K_L(x, x') = x^{\mathrm{T}} x'$$

（3）高斯核函数：

$$K_{\mathrm{GN}}(x, x') = \sigma^2 \delta_{x,x'}$$

其中，δ 表示 Kronecker 差值，可由下面的公式求得：

$$\delta_{ij} = \begin{cases} 0 & i \neq j \\ 1 & i = j \end{cases}$$

（4）平方核函数：

$$K_{\mathrm{SE}}(x, x') = \exp\left(-\frac{|d|^2}{2\ell}\right)$$

其中，$d = x - x'$；ℓ 是高斯过程的特征长度尺度，即 x 与 x' 的接近程度。

下面通过一个多元高斯拟合的例子，来加深对高斯分布的理解。

若绘制 4 条基于高斯分布的随机曲线，试图通过高斯过程拟合出最接近 4 条的曲线及其误差。SKlearn 是结合了 NumPy 和 Scipy，专门针对机器学习和数据分析的 Python 模块。SKlearn 支持数据预处理、分类、回归、聚合分类等一系列功能，并内置了很多随机过程的核函数。因此可以利用 SKlearn 中常用的 RBF（radial basic function，径向基函数）核函数构建 4 条高斯曲线，具体的 Python 代码如下。

代码 6.2　模拟高斯曲线：Generate_Gauss_Distribution.py

```
import numpy as np
import numpy as np
import matplotlib.pyplot as plt
#引入核函数
from sklearn.gaussian_process.kernels import RBF
#引入高斯模型回归
from sklearn.gaussian_process import GaussianProcessRegressor

def Generate_Gauss_Distribution():
    #构建核函数和模型
    kernel = RBF(1, (0.1, 1))
    gp = GaussianProcessRegressor(kernel=kernel, n_restarts_
optimizer=9)

    #数据点
    x = np.array([[-1], [0], [1]])
    y = np.array([-1, 0, 1])
    #模型拟合数据
    gp.fit(x, y)
    #随机数据
    x_set = np.arange(-10, 10, 0.1)
    x_set = np.array([[i] for i in x_set])

    #绘制曲线
    colors = ['g', 'r', 'b', 'y']
    for c in colors:
        y_set = gp.sample_y(x_set, random_state=np.random.randint
(1000))
        plt.plot(x_set, y_set, c + '--', alpha=0.5,linewidth=2)
    plt.xlabel("X")
    plt.ylabel("Y")
    plt.show()
```

模拟出的曲线如图 6.11 所示。

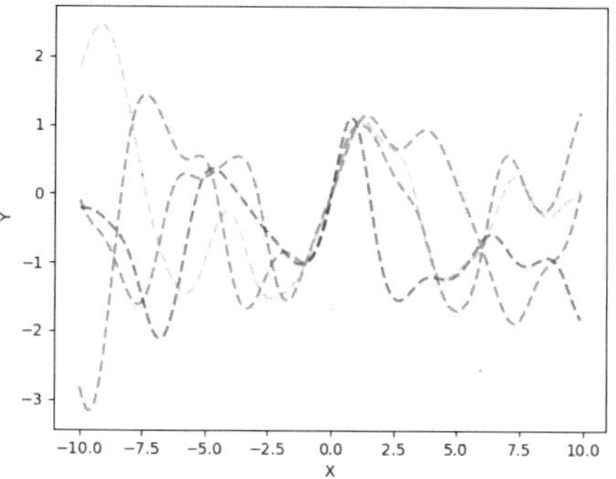

图 6.11 模拟出的高斯曲线

随后利用模型拟合曲线，具体的 Python 代码如下。

代码 6.3 拟合曲线：Curve_Fit.py

```
import numpy as np
import matplotlib.pyplot as plt
#引入核函数
from sklearn.gaussian_process.kernels import RBF
#引入高斯模型回归
from sklearn.gaussian_process import GaussianProcessRegressor

def Curve_Fit():
    #构建核函数和模型
    kernel = RBF(1, (0.1, 1))
    gp = GaussianProcessRegressor(kernel=kernel, n_restarts_
optimizer=9)

    #数据点
    x = np.array([[-1], [0], [1]])
    y = np.array([-1, 0, 1])
    #模型拟合数据
    gp.fit(x, y)
    #随机数据
    x_set = np.arange(-10, 10, 0.1)
    x_set = np.array([[i] for i in x_set])

    #绘制曲线
    colors = ['g', 'r', 'b', 'y']
    for c in colors:
        y_set = gp.sample_y(x_set, random_state=np.random.randint
(1000))
```

```
    plt.plot(x_set, y_set, c + '--', alpha=0.5,linewidth=2)
plt.xlabel("X")
plt.ylabel("Y")
#拟合曲线
means, sigmas = gp.predict(x_set, return_std=True)
plt.errorbar(x_set, means, yerr=sigmas, alpha=0.5)
plt.plot(x_set, means, 'r', linewidth=4)
plt.show()
```

拟合出的带有高斯误差的曲线如图 6.12 所示。

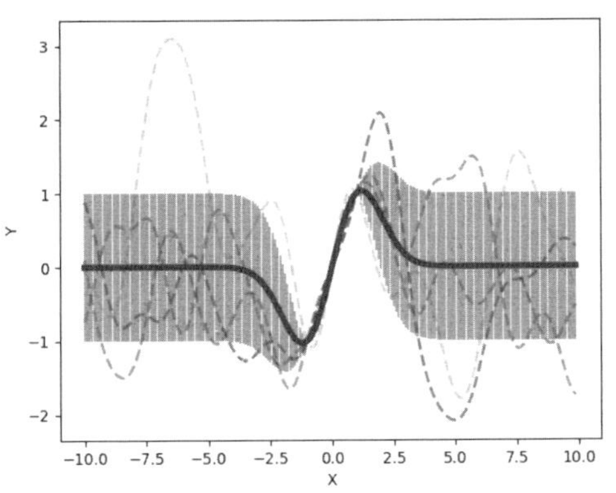

图 6.12　拟合出的带有高斯误差的曲线

6.3.4　习题

使用线性核函数模拟出 3 条高斯曲线，并拟合这些曲线的分布。

6.4　温故而知新

学完本章后，读者需要回答以下问题：

- 什么是随机过程？
- 随机过程有哪些性质？
- 随机过程的发展经历了哪些历程？
- 什么是马尔可夫过程？
- 马尔可夫链的性质是什么？
- 隐马尔可夫和马尔可夫有什么不同？
- 高斯过程和高斯分布的关系是什么？
- 高斯过程有哪些性质？

第7章　概率论与机器学习分类算法

概率、统计和线性代数是机器学习中最重要的数学概念，它们是机器学习算法的基础。在现实世界中，概率在机器学习中的应用非常重要。通常需要在信息不完整的情况下做出决策，或者需要一些能够解释不确定性的信息，并且通过概率对不确定性元素进行建模，这时概率将派上大用场。正如前面章节中介绍的，监督学习可以根据其任务类别分为分类和回归两类算法。本章将介绍概率论在机器学习分类算法中的应用。

本章主要涉及以下知识点。

- 机器学习分类算法简介：分类算法的概念、步骤和多种分类任务。
- 概率论在分类算法中的应用：概率论在分类算法过程中的作用。
- 常见的分类算法：K 近邻、决策树、支持向量机、朴素贝叶斯、逻辑回归和深度学习算法。

7.1　机器学习分类算法简介

在监督学习中，模型通过示例进行学习。除了输入变量，还为模型提供了相应的正确标签。在训练时，模型会查看哪个标签对应于输入数据，因此可以在数据和这些标签之间找到模式。监督学习算法可以大致分为回归算法和分类算法，如图 7.1 所示。在回归算法中，程序预测连续值的输出，但是在预测分类值时，需要分类算法。

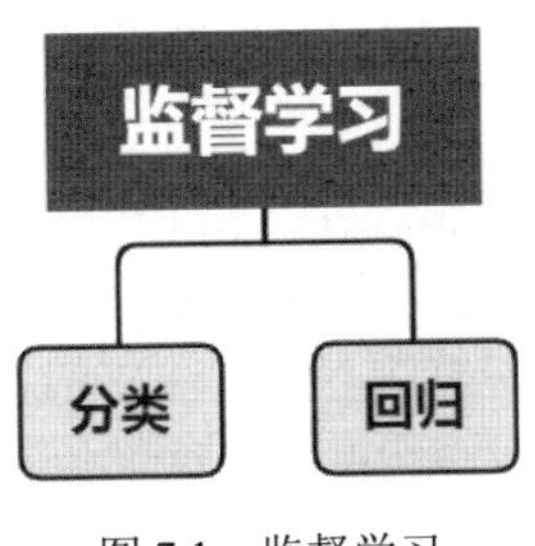

图 7.1　监督学习

7.1.1 分类算法的概念

分类算法是一种监督学习算法，用于根据训练数据识别新观察的类别。在分类中，程序从给定的数据集或观察中学习，然后将新观察分为多个类或组。例如，是或否、垃圾邮件或非垃圾邮件、猫或狗等。类可以称为目标/标签或类别。

与回归算法不同，分类算法的输出变量是一个类别，而不是一个值。如图 7.2 所示，分类算法输出的是“鳄鱼”“章鱼”和“鲨鱼”三个类别。由于分类算法是一种监督学习技术，因此它需要标记的输入数据，即包含输入和相应的输出。

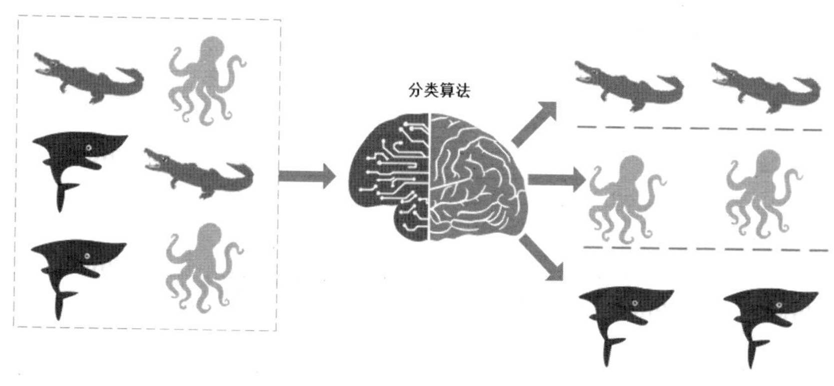

图 7.2　机器学习分类算法

分类是机器学习的核心，因为它教会机器如何按照任何特定标准（如预定特征）对数据进行分组。随着大数据在跨行业决策中的应用越来越多，机器学习中的分类是当今的关键工具。分类有助于数据科学家和研究人员更好地理解数据并找到模式。使用这些数据模式可以更深入地了解并做出更准确的数据驱动决策。

机器学习算法的常见功能包括识别对象并将它们分类。它可以将大量数据分离为单独的、不同的值，如预定义的输出标签类。

机器学习中使用的分类算法，利用输入训练数据来预测随后的数据将落入预定类别之一的可能性或概率。在数学中，分类算法的任务是找出目标变量如何与输入特征 x_i 和输出值 y_i 相关联，函数 $f(x_i)$ 通过将相关特征作为输入来预测输出变量的值，即

$$y_i' = f(x_i)$$

其中，y_i' 表示输出变量的预测值。

7.1.2 分类算法的步骤

分类算法通常按照以下步骤对大数据进行预测。

1. 数据预处理

在将任何统计算法应用于数据集之前，必须了解输入变量和输出变量。在分类问题中，目标总是定性的，但有时输入值也可以是分类的。由于分类算法是从数学上推导出来的，因此必须将其所有变量都转换为数值。分类算法工作的第一步是确保变量都被正确编码，无论是输入还是输出。

2. 创建训练数据集和测试数据集

在处理完数据集之后，下一步就是将数据集分成两部分：训练数据集和测试数据集。一方面，使用训练数据集让机器学习输入和输出值之间的模式；另一方面，使用测试数据集测试模型的准确性，尝试使其适合数据集。

3. 训练模型

将数据集分成训练数据集合和测试数据集合，就要选择最适合问题的模型。为此，需要了解流行的分类算法。将在第 7 章中详细介绍常见的机器学习分类算法。

说明

通常机器学习会将数据集分为测试数据集、验证数据集和训练数据集。训练数据集和验证数据集在训练过程中循环利用，测试数据集与它们隔离，只是测试模型能力，不参与训练。这里为了方便读者理解，将数据集简单地分为训练数据集和测试数据集。

7.1.3 多种分类任务

从建模的角度来看，具有大量输入和输出示例的训练数据集对于分类是必要的。模型基于训练数据集，将输入数据样本映射到特定的类标签。因此，训练数据集必须包含每个类别标签的大量样本，并且能够恰当地描述问题。

根据标签的不同，可以将机器学习分类算法分为以下 4 类。

1. 二元分类

只有两个类别标签的分类算法称为二元分类。例如，正常状态是“非垃圾邮件”，而异常状态是“垃圾邮件”。通常，类别标签 0 被赋予正常状态的类，而类别标签 1 被赋予异常状态的类。

伯努利分布的离散概率主要是处理事件的二进制结果为 0 或 1 的情况，因此基于伯努利概率分布的模型经常用于表示二元分类任务。就分类而言，该模型预测了数据属于 1 类或 0 类的可能性。

常见的二元分类算法有：

- 逻辑回归；
- 支持向量机；
- 朴素贝叶斯；
- 决策树。

说明

支持向量机和逻辑回归是专门为二进制分类创建的，默认情况下不支持两个以上的类。

2. 多元分类

多类标签用于分类任务，通常被称为多类分类，如人脸识别和花卉识别等。与二元分类不同，多类分类不涉及正常和异常结果的区分，而是将实例分配到多个明确定义的类别之一。在某些情况下，这些类别的数量可能相当庞大。例如，在人脸识别系统中，模型可能需要将镜头中的人脸与数千甚至数万个不同的个体之一相匹配。

传统的机器学习算法因其坚实的数学理论基础而表现出较高的可解释性；相比之下，深度学习算法虽然基于梯度下降等方法，但总体而言黑盒化严重，相对的可解释性

多元分类任务经常使用多元伯努利分布来建模。对于 k 个有限值，多元伯努利分布是指对于每个离散型随机变量，可以随机地取 k 个不同的状态，在每个状态上的概率用 p_i 来表示，则

$$p_i \in [0, 1]^{k-1}$$

最后 k 个状态的概率可以通过 $1-\sum\limits_{k-1} p_i$ 算得，其中 $\sum\limits_{k-1} p_i < 1$。

在分类方面，基于多元伯努利分布的模型预测数据属于某个类别标签的可能性。

常见的多元分类算法有：

- K 近邻；
- 随机森林；
- 朴素贝叶斯。

说明

可以使用二元分类算法来解决多元分类问题，只需将 N 类转换成 N 个二分类。

3. 多标签分类

多标签分类问题是那些具有两个或更多类标签并允许为每个示例预测一个或多个类标签的问题。例如，在照片分类的例子中，模型可以预测照片中许多已知事物的存在，如人、苹果、自行车等。一张特定的照片可能在场景中有多个对象。

多标签与多元类分类和二元分类形成鲜明对比，后者预期每次出现一个单一的类标签。多标签分类问题经常使用预测许多结果的模型进行建模，每个结果都被预测为伯努利概率分布。本质上，多标签分类为每个示例预测了几个二元分类。

常见的多标签分类算法有：

- 多标签梯度提升；
- 多标签随机森林；
- 多标签决策树。

4. 不平衡分类

不平衡分类是指分类任务中每个类别的数据量差距很大，如工厂异常件和正常件的比例。训练数据集的大部分实例属于正常类，少数属于异常类，因此不平衡分类任务一般是特殊的二元分类任务。

通过对少数类进行过采样或对多数类进行欠采样，可以采用专门的策略来改变训练数据集中的样本组成。同时也可以利用专门的建模技术，加权的机器学习算法，在将模型拟合到训练数据集时给予少数类更多的考虑。

常见的不平衡分类算法有：

- 代价敏感支持向量机；
- 代价敏感决策树；
- 代价敏感逻辑回归。

7.2 概率论在分类算法中的应用

在实现分类算法时，可能会遇到算法所处的环境是不确定的情况，即不能保证相同的输入总是对应相同的输出。同样在现实世界中，尽管输入保持不变，但在某些情况下行为可能会有所不同。无论如何都存在不确定性。由于分类算法包含大量数据、超参数和复杂的环境，必然存在不确定性。因此，机器学习分类算法描述的是一种概率分布的形式。

通常需要在信息不完整的情况下做出决策，因此需要一种量化不确定性的机制——概率。在传统编程中处理的都是确定性问题，即解决方案不受不确定性的影响，而通过概率可以对不确定性元素进行建模。

概率理论在机器学习分类算法中扮演了至关重要的角色，几乎贯穿了整个过程。

1. 数据准备

概率理论是数据准备的基石。在机器学习分类算法中，不确定性经常显现，如来自噪声数据的不确定性。概率提供了工具来模拟这种不确定性，由于观测值的变异性、测量误差或其他来源产生噪声。除了样本中的噪声，还必须考虑偏差的影响，即使是均匀采样，其他限制也可能引入偏差。通常需要权衡方差和偏差，以确保所选的样本能够代表特征工程中的模式。

2. 模型构建

模型构建在机器学习中至关重要。从贝叶斯角度看，可以将模型构建视为模式识别问题。在模式识别中，贝叶斯观点在模型构建中得以应用，并为那些无法获得精确答案的情况提供了近似推理算法。概率理论在模式识别中起关键作用，能帮助处理样本中的噪声和不确定性，并将贝叶斯原理应用于机器学习任务。

3. 模型训练

机器学习模型的训练过程基于概率理论。例如，最大似然估计用于线性回归、逻辑回归和人工神经网络等模型的训练；朴素贝叶斯分类器以贝叶斯理论为基础；在机器学习模型中，超参数的调整通常通过网格搜索等技术进行，也可以使用贝叶斯优化来优化超参数的选择。

4. 模型评估

可在二元或多元分类任务中评估单个或多个类别的概率分数。模型评估技术要求根据预测的概率来总结模型的性能。这些评估方法都建立在概率理论的基础上，有助于量化模型的准确性和可靠性。

因此，在整个机器学习分类算法的过程中，概率理论都扮演着至关重要的角色，可助人们处理不确定性、噪声和模型的训练与评估过程中的各种复杂情况。

说明

在概率论中，最大似然估计（maximum likelihood estimation，MLE）是用来估计概率模型的参数的一种方法。最大似然估计的基本思想是在已知随机样本满足某种概率分布但不清楚具体参数的情况下，通过多次实验观察，利用参数的最大概率来推断参数的具体值。关于最大似然估计的细节，本书将不作过多讲解，感兴趣的读者可以查阅相关资料或联系本书作者。

7.3 常见的分类算法

分类算法是机器学习的核心，因为它教会机器如何按照特定标准对数据进行分组。随着大数据在跨行业决策中的应用越来越多，机器学习中的分类是当今的关键工具。分类有助于数据科学家和研究人员更好地理解数据并找到模式匹配。使用这些数据模式可以更深入地了解数据，并做出更准确的决策。

机器学习的分类算法可以大致分为两类。

- 线性模型：逻辑回归、SVM。
- 非线性模型：K 近邻、朴素贝叶斯、决策树和深度学习。

下面将详细介绍这些常见的机器学习分类算法。

7.3.1 逻辑回归

逻辑回归是一种用于预测二元结果的算法。这意味着只有两个可能的类，通常将数据编码为 1（表示"是"）和 0（表示"否"）。

逻辑回归算法基于贝叶斯理论，若输入的数据为$\{x_1, x_2, \cdots, x_n\}$，可以将每个数值与对应的训练系数相乘后并相加得到中间变量 z，即

$$z = w_1x_1 + w_2x_2 +, \cdots, +w_nx_n$$

因为逻辑回归计算的是分类器属于哪个类别的概率，因此 z 通过 Sigmoid 函数归一化后，得到一个[0,1]的值，最终通过梯度上升训练算法。Sigmoid 函数的具体方式为

$$\sigma(z) = \frac{1}{1+e^{-z}}$$

将 Sigmoid 函数曲线如图 7.3 所示。从图 7.3 可以看到，当 x 为 0 时，Sigmoid 函数值为 0.5；当 x 不断变大，Sigmoid 函数值趋向于 1；当 x 不断变小，Sigmoid 函数值趋向于 0。

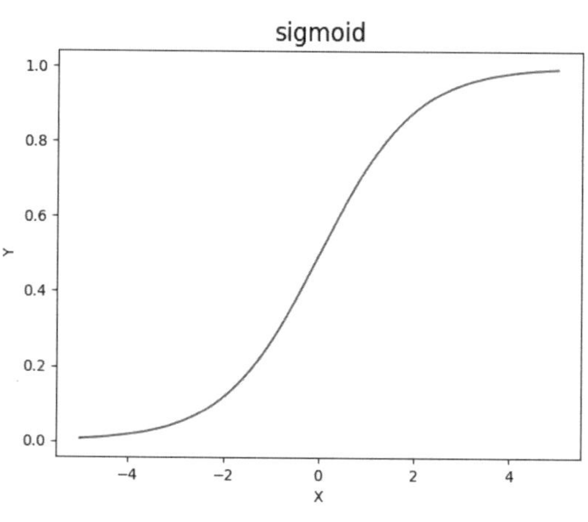

图 7.3　Sigmoid 函数曲线

根据定义可以总结出逻辑回归的优缺点。

1. 优点

（1）模型简单，训练时间短。

（2）易于理解。

（3）可以处理大量特征。

2. 缺点

（1）只能用于二元分类问题，对多元分类问题响应较差。

（2）容易欠拟合。

（3）精度不够高。

下面通过一个例子来加深对逻辑回归的理解。Iris 数据集也称鸢尾花卉数据集，是常用的分类实验数据集，共分为 3 类（Setosa、Versicolour，Virginica），每类 50 个样本，共 150 个样本。现在选取 Iris 数据集中的任意两类，使用逻辑回归算法来分类数据。具体的 Python 代码如下。

代码 7.1　逻辑回归示例代码：Logistic_Regression.py

```
from sklearn.datasets import load_iris
from sklearn.model_selection import train_test_split
from sklearn.linear_model import LogisticRegression

def Logistic_Regression():
    #导入 Iris 数据集
    data = load_iris()
```

```
    print("Iris 数据集共包含 %s 个数据"%(data.data.shape[0]))
    #选取其中的两类数据
    X = data.data[:, :2]
    Y = data.target
    #将训练数据集和测试数据集按照 8:2 划分
    x_train, x_test, y_train, y_test = train_test_split(X,Y,
test_size=0.2, random_state=0)

    #构建逻辑回归模型，其中 C 为正则系数的倒数
    lr = LogisticRegression(C = 1e6)
    #训练模型
    lr.fit(x_train,y_train)
    #输出模型在训练数据集和测试数据集上的准确率
    print("逻辑回归在训练数据集中的准确率为：%.2f" %lr.score(x_train,
y_train))
    print("逻辑回归在测试数据集中的准确率为：%.2f" %lr.score(x_test,
y_test))
```

输出的结果为：

```
Iris 数据集共包含 150 个数据
逻辑回归在训练数据集中的准确率为：0.85
逻辑回归在测试数据集中的准确率为：0.73
```

说明

准确率是正确预测的观测值与总观测值的比率。

7.3.2 支持向量机

支持向量机（support vector machines，SVM）是一种分类器，它将训练数据表示为空间中的点，这些点通过尽可能宽的间隙分成不同的类别，然后对新的点预测属于哪个类别。

SVM 的目的是寻找能够将数据区分的分隔超平面（separate hyperplane），需要找到一个平面将图中的蓝色的点和黑色的点区分开来，如图 7.4 所示。从图 7.4 中可以发现，这样的平面会有无数个。

因此，在线性可分的情况下，将数据集中分隔超平面最近的点称为支持向量（support vector）。只有支持向量的点决定超平面的位置和大小，即求解下式的大小：

$$[y_i \times (w^{\mathrm{T}} x + b)] \times \frac{1}{\|w\|}$$

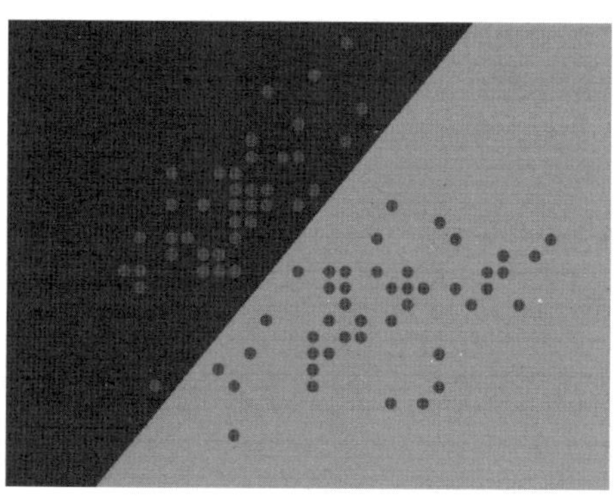

图 7.4　分隔超平面

SVM 的优化目标是寻找最大间隔的分隔超平面，如图 7.5 所示，即支持向量到超平面的距离越大越好，用数学公式可以描述为：

$$\underset{w,b}{\arg\max}\left\{\min_{n}[y_i \times (w^{\mathrm{T}}x+b)] \times \frac{1}{\|w\|}\right\}$$

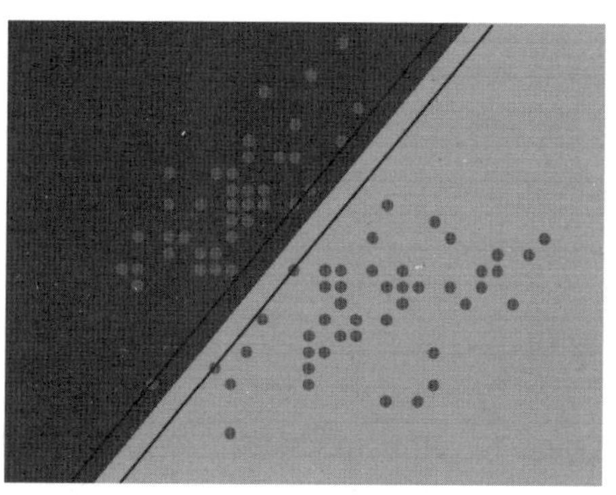

图 7.5　决策边界

说明

通常数据在三维并不是线性可分的，因此 SVM 需要利用核函数将数据转换到线性可分的空间，来寻找分隔超平面。

根据定义可以总结出 SVM 的优缺点。

1. 优点

（1）模型简单，训练时间短。

（2）支持高维数据。

（3）泛化性好。

2. 缺点

（1）算法不直接提供概率估计。

（2）对参数和核函数敏感。

（3）原始数据不加修改，只能处理二元分类的问题。

（4）对噪声比较敏感。

下面通过一个例子来加深对 SVM 算法的理解。选取 Iris 数据集中的任意两类，通过 SVM 算法分类数据。具体的 Python 代码如下。

代码 7.2　SVM 示例代码：SVM.py

```
from sklearn.datasets import load_iris
from sklearn.model_selection import train_test_split
from sklearn.svm import SVC

def SVM():
    #导入 Iris 数据集
    data = load_iris()
    print("Iris 数据集共包含 %s 个数据"%(data.data.shape[0]))
    #选取其中的两类数据
    X = data.data[:, :2]
    Y = data.target
    #将训练数据集和测试数据集按照 8:2 划分
    x_train, x_test, y_train, y_test = train_test_split(X,Y,
test_size=0.2, random_state=1)

    #构建 SVM 模型，选择线性核函数
    svm = SVC(C = 1e4, kernel='poly')
    #训练模型
    svm.fit(x_train,y_train)
    #输出模型在训练数据集和测试数据集上的准确率
    print("SVM 在训练数据集中的准确率为：%.2f" %svm.score(x_train,
y_train))
    print("SVM 在测试数据集中的准确率为：%.2f" %svm.score(x_test,
y_test))
```

输出的结果为：

```
Iris 数据集共包含 150 个数据
SVM 在训练数据集中的准确率为：0.82
SVM 在测试数据集中的准确率为：0.77
```

7.3.3 K 近邻

K 近邻（K-nearest neighbors，KNN）是一种数据分类。它根据最接近的数据点所属的组来估计数据点成为某一类的概率。KNN 算法通过查看最接近的带标签的数据点（最近邻）对数据点进行分类。

KNN 算法通过识别给定观察点的 K 个最近邻来工作。如图 7.6 所示，现有橘色和蓝色两个类别的球，当拿到新的数据时，如图 7.6 中的黑色球，无法判断它属于哪一类。此时，选取 K=4，在黑色球周围以一定半径作圆，找到离它最近的 4 个球，发现其中橘色球占的比例较高，因此可以认定新的球为橘色类。计算 A、B 两个点之间的距离，通常使用欧氏距离：

$$d = \sqrt{(x_A - x_B)^2 + (y_A - y_B)^2}$$

说明

KNN 中 K 值的选择往往是该算法最难确定的问题。

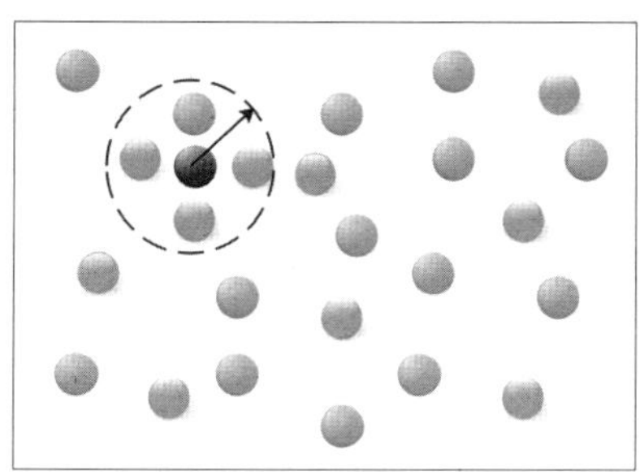

图 7.6　KNN 示意图

根据定义可以总结 KNN 算法的优缺点。

1．优点

（1）用于任何分布的数据集。

（2）易于理解。

（3）输入数据不需要先验。

2．缺点

（1）计算复杂度高。

（2）容易受到异常值的影响。

（3）偏向于在数据集中具有更多实例的类。

下面通过一个例子来加深对 KNN 算法的理解。选取 Iris 数据集中的任意两类，通过 KNN 算法分类数据。示例代码如下。

代码 7.3　KNN 示例代码：KNN.py

```
from sklearn.datasets import load_iris
from sklearn.model_selection import train_test_split
from sklearn.neighbors import KNeighborsClassifier

def KNN():
    #导入 Iris 数据集
    data = load_iris()
    print("Iris 数据集共包含%s 个数据"%(data.data.shape[0]))
    #选取其中的两类数据
    X = data.data[:, :2]
    Y = data.target
    #将训练数据集和测试数据集按照 8:2 划分
    x_train, x_test, y_train, y_test = train_test_split(X,Y,
test_size=0.2, random_state=1)

    #构建 KNN 模型，设置近邻数为 12
    knn = KNeighborsClassifier(n_neighbors=12,weights='uniform')
    #训练模型
    knn.fit(x_train,y_train)
    #输出模型在训练数据集和测试数据集上的准确率
    print("KNN 在训练数据集中的准确率为：%.2f" %knn.score(x_train,
y_train))
    print("KNN 在测试数据集中的准确率为：%.2f" %knn.score(x_test,
y_test))
```

输出的结果为：

```
Iris 数据集共包含 150 个数据
KNN 在训练数据集中的准确率为：0.78
KNN 在测试数据集中的准确率为：0.83
```

7.3.4　朴素贝叶斯

朴素贝叶斯分类算法的基础是贝叶斯定理，它描述了如何根据可能与事件相关的条件的先验知识来评估事件的概率。

朴素贝叶斯是一种基于贝叶斯定理的分类算法，它假设预测变量之间是相互独立的。简单来说，朴素贝叶斯分类器假设某一类中的存在与任何类中的存在无关。即使特征相互依赖，所有这些属性也会独立地影响概率。朴素贝叶斯模型很容易制作，对于比较大的数据集特别有用。现在先来回顾贝叶斯定理：

$$P(A \mid B)=\frac{P(B \mid A) \times P(A)}{P(B)}$$

若数据的坐标为(x, y)，判定该数据属于哪一类可以用概率$P(A_i \mid x, y)$表示。而根据贝叶斯定理，可以推断出：

$$P(A_i \mid x, y)=\frac{P((x, y) \mid A_i) \times P(A_i)}{P(x, y)}$$

对于二元分类而言：

- 若$P(A_1 \mid x, y)>P(A_2 \mid x, y)$，则数据$(x, y)$属于$A_1$类。
- 若$P(A_1 \mid x, y)<P(A_2 \mid x, y)$，则数据$(x, y)$属于$A_2$类。

根据定义可以总结出朴素贝叶斯的优缺点。

1. 优点

（1）模型简单，训练时间短。

（2）数据较少时，也能满足。

（3）支持多元分类问题。

2. 缺点

（1）特征变量之间相互独立的先验并不是一定存在。

（2）对输入的数据敏感。

下面通过一个例子来加深对朴素贝叶斯的理解。由于贝叶斯支持多元分类，因此选取 Iris 数据集中的完整数据，通过朴素贝叶斯算法分类数据。示例代码如下。

代码 7.4 贝叶斯示例代码：Bayes.py

```
from sklearn.datasets import load_iris
from sklearn.datasets import load_iris
from sklearn.model_selection import train_test_split
from sklearn.naive_bayes import GaussianNB

def Bayes():
    #导入 Iris 数据集
    data = load_iris()
    print("Iris 数据集共包含 %s 个数据"%(data.data.shape[0]))
    #由于贝叶斯支持多元分类，因此选取 Iris 数据集中的完整数据
    X = data.data
    Y = data.target
```

```
    #将训练数据集和测试数据集按照 8:2 划分
    x_train, x_test, y_train, y_test = train_test_split(X,Y,
test_size=0.2, random_state=1)

    #构建 Bayes 模型
    Bayes = GaussianNB()
    #训练模型
    Bayes.fit(x_train,y_train)
    #输出模型在训练数据集和测试数据集上的准确率
    print("贝叶斯在训练数据集中的准确率为: %.2f" %Bayes.score(x_train,
y_train))
    print("贝叶斯在测试数据集中的准确率为: %.2f" %Bayes.score(x_test,
y_test))
```

输出的结果为：

```
Iris 数据集共包含 150 个数据
贝叶斯在训练数据集中的准确率为: 0.95
贝叶斯在测试数据集中的准确率为: 0.97
```

从上面的例子可以发现，即使采用简单的实现，朴素贝叶斯也能胜过机器学习中的大多数分类算法。朴素贝叶斯分类器在文档分类和垃圾邮件过滤等许多实际情况下都有不错的表现。

7.3.5 决策树

决策树（Decision Tree）是一种非常适合解决分类问题的算法，因为它能够在不同的级别上对类进行排序。决策树像流程图一样工作，每次将数据点分成两个相似的类别，从“树干”到“树枝”，再到“叶子”，类别变得越来越具体，并且在深入的过程中允许人工设置规则监督。如图 7.7 所示，在统计一个班级学生身高时，由根节点“男生/女生”衍生出子节点“男生”和“女生”，分别在对应不同的范围确定叶子节点。

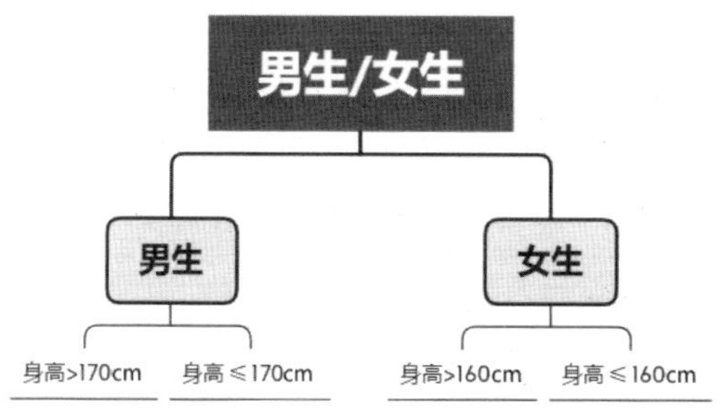

图 7.7 决策树示意图

决策树划分的原则是将无序的数据转换为有序的数据，划分前后信息发生的变化称为信息增益。对信息的度量往往离不开熵，熵表示信息的期望值，对于完整信息的熵可以通过下面的式子求得：

$$H = -\sum_{i=1}^{n} P(x_i)\log_2 P(x_i)$$

其中，$P(x_i)$为选择某一类的概率。在求得信息熵之后，决策树通常采用最大化信息增益的方式划分数据。由信息增益的方式选择特征后，生成决策树的节点，但是过多的节点往往会引起过拟合，因此决策树通常需要剪枝来规避这一问题。

决策树根据分支划分方式的不同，有三种常见的算法。

（1）ID3 算法：利用信息增益选取特征。

（2）C4.5 算法：根据信息增益比选取特征。

（3）CART 算法：使用基尼系数取代熵增益来选取特征。

说明

关于这三种决策树算法的细节，本书将不作过多讲解，感兴趣的读者可以查阅相关资料或联系本书作者。

根据定义可以总结出决策树的优缺点。

1. 优点

（1）易于理解和可视化。

（2）对数据缺失不敏感。

（3）不需要特征强相关。

2. 缺点

（1）训练成本较高。

（2）在具有许多类和相对较少训练示例的分类问题中容易出错。

（3）容易过拟合。

下面通过一个例子来加深对决策树算法的理解。选取 Iris 数据集中的任意两类，通过决策树算法分类数据。示例代码如下。

代码 7.5　决策树示例代码：Decision_Tree.py

```
from sklearn.datasets import load_iris
from sklearn.model_selection import train_test_split
from sklearn.tree import DecisionTreeClassifier
```

```
def Decision_Tree():
    #导入 Iris 数据集
    data = load_iris()
    print("Iris 数据集共包含 %s 个数据"%(data.data.shape[0]))
    #选取其中的两类数据
    X = data.data[:, :2]
    Y = data.target
    #将训练数据集和测试数据集按照 8:2 划分
    x_train, x_test, y_train, y_test = train_test_split(X,Y,
test_size=0.2, random_state=0)

    #建立决策树分类器，使用基尼系数
    clf = DecisionTreeClassifier(criterion='gini')

    #训练模型
    clf.fit(x_train,y_train)
    #输出模型在训练数据集和测试数据集上的准确率
    print("决策树在训练数据集中的准确率为:%.2f" %clf.score(x_train,
y_train))
    print("决策树在测试数据集中的准确率为:%.2f" %clf.score(x_test,
y_test))
```

输出的结果为：

```
Iris 数据集共包含 150 个数据
决策树在训练数据集中的准确率为：0.93
决策树在测试数据集中的准确率为：0.67
```

从训练数据集和测试数据集中准确率的巨大差距可以断定，该决策树在训练数据集上过拟合了。

7.3.6 深度学习

深度学习是机器学习的一个子集，该技术通过神经网络的隐藏层逐步提取特征更新权重，最终分类数据。如图 7.8 所示，在传统机器学习分类算法中，大多数应用特征需要先人工提取特征以降低数据的复杂性，然后再使用机器学习分类算法进行分类。而深度学习分类算法的最大优势是它可以直接从数据中提取高级特征，这也就避免了对领域专业知识和特征提取的需求。

若将传统机器学习分类算法和深度学习分类算法作对比，可以发现它们有以下显著的不同点。

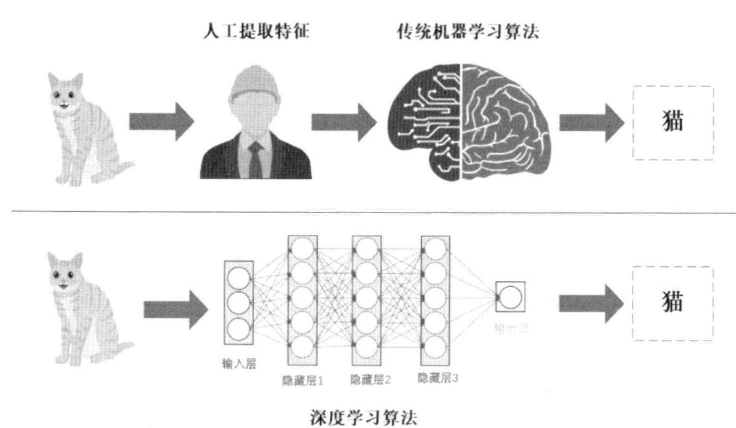

图 7.8　深度学习算法和传统机器学习分类算法

1. 解决问题的方式

传统机器学习分类算法需要先将问题分解为要解决的不同部分，然后在最后阶段将它们的结果结合；而深度学习分类算法倾向于端到端解决问题。

2. 训练资源

传统机器学习分类算法只需几秒到几个小时的时间来训练，对计算机资源要求并不高。与传统机器学习分类算法相反，深度学习分类算法需要高端机器和非常多的算力。GPU 现在已成为执行任何深度学习算法不可或缺的一部分。由于大数据是深度学习的基础，因此深度学习分类算法通常需要很长时间来训练，并且近年来随着大模型的流行，对计算机算力的要求越来越高。

3. 可解释性

由于数学理论基础牢固传统机器学习分类算法，可解释性强；而深度学习分类算法虽然是基于梯度下降的算法，但是从整体来说黑盒化严重，可解释性相对较差。

因此，在数据量比较庞大，缺乏对数据专业特征的理解时，通常使用深度学习分类算法。值得提出的是，当涉及图像分类、自然语言处理和语音识别等复杂问题时，深度学习分类算法确实大放异彩。

说明

虽然近年来深度学习算法的发展异常火热，但是深度学习算法并不能支撑所有的人工智能领域，在有些场景下，传统机器学习分类算法反而更有优势。

下面通过一个实例来加深对深度学习算法的理解。

由于深度学习需要大数据的支持，因此这里使用 MNIST 数据集。MNIST 是用于计算机视觉和深度学习的标准数据集。如图 7.9 所示，该数据集中描述的是 0～9 灰度的手写数字，其中包含了 6 万个训练数据集数据和 1 万个测试数据集数据。

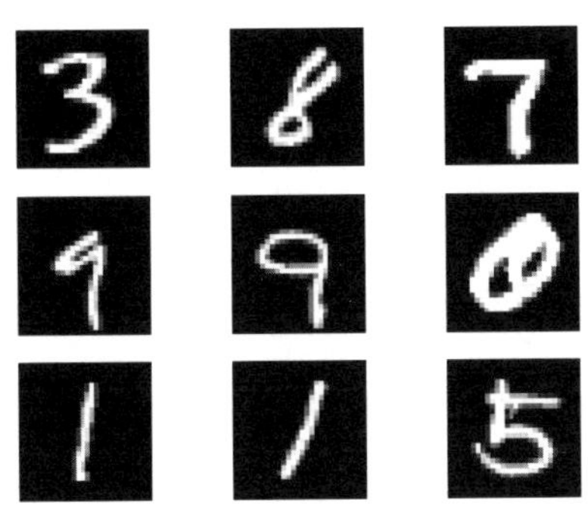

图 7.9　MNIST 数据集

因为 MNIST 是图像分类问题，因此使用深度学习中的 CNN 算法，其中包含了卷积层、池化层、激活层和全连接层。具体的 Python 代码如下。

代码 7.6　深度学习示例代码：Deep_Learning.py

```
from keras.datasets import mnist
import numpy as np
from keras.models import Sequential
from keras.layers import Conv2D, MaxPool2D, Dense, Dropout,
Activation, Flatten
from keras.utils import np_utils

def Deep_Learning():
    #载入数据集
    (trainX, trainY), (testX, testY) = mnist.load_data()
    #输出训练数据和测试数据的详细信息
    print('训练数据有%s 个，图片尺寸为%s X %s'%(trainY. shape[0],
trainX.shape[1],trainX.shape[2]))
    print('训练数据有%s 个，图片尺寸为%s X %s'%(testY. shape[0],
testX.shape[1],testX.shape[2]))
    #数据预处理
    X_train = trainX.reshape(-1, 28, 28, 1).astype (np.float32)
/255
    X_test = testX.reshape(-1, 28, 28, 1).astype (np.float32)
```

```
/255
    Y_train = np_utils.to_categorical(trainY, 10)
    Y_test = np_utils.to_categorical(testY, 10)
    #构建深度学习网络模型
    model = Sequential()
    #卷积层
    model.add(Conv2D(64, 3, input_shape=[28, 28, 1]))
    #relu 激活层
    model.add(Activation('relu'))
    #池化层
    model.add(MaxPool2D([2, 2]))
    #卷积层
    model.add(Conv2D(128, 3))
    #relu 激活层
    model.add(Activation('relu'))
    #池化层
    model.add(MaxPool2D([2, 2]))
    #卷积层
    model.add(Conv2D(256, 3))
    #relu 激活层
    model.add(Activation('relu'))
    #池化层
    model.add(MaxPool2D([2, 2]))
    #Dropout 层
    model.add(Dropout(0.5))
    model.add(Flatten())
    #全连接层
    model.add(Dense(10))
    #softmax 激活层
    model.add(Activation('softmax'))
    #设置优化函数、损失函数和评估标准
    model.compile(loss='categorical_crossentropy', optimizer=
'adam', metrics=['accuracy'])
    #模型训练，设置批处理大小和训练周期
    model.fit(X_train, Y_train, batch_size=256, epochs=20,
validation_data=(X_test, Y_test))
    #模型测试
    train_score = model.evaluate(X_train, Y_train)[1]
    test_score = model.evaluate(X_test, Y_test)[1]
    #输出结果
    print("深度学习在训练数据集中的准确率为: %.4f" % train_score)
    print("深度学习在测试数据集中的准确率为: %.4f" % test_score)
```

输出的结果为：

```
训练数据有 60000 个，图片尺寸为 28 × 28
训练数据有 10000 个，图片尺寸为 28 × 28
深度学习在训练数据集中的准确率为：0.9992
深度学习在测试数据集中的准确率为：0.9915
```

从程序输出结果可以看出，即使训练 MNIST 数据集的难度比 Iris 数据集要大很多，但是只要数据量足够大，深度学习分类算法总能给出很好的结果。

7.3.7 习题

尝试使用 Keras 构建 CNN 结构来对 MNIST 数据集进行分类。

7.4 温故而知新

学完本章后，读者需要回答以下问题：

- 什么是机器学习分类算法？
- 常见的机器学习 Python 库有哪些？
- 机器学习分类算法的步骤是什么？
- 根据标签不同，可以将机器学习分类算法分为几类？
- 常见的机器学习分类算法有哪些？
- 深度学习和传统机器学习有哪些不同点？

第 8 章　概率论与机器学习回归算法

第 7 章已经学习了概率论在机器学习分类算法中的应用，本章将介绍概率论在机器学习回归算法中的应用。

本章主要涉及以下知识点。

- 机器学习回归算法简介。
- 概率论在回归算法中的应用。
- 常见的回归算法。

8.1　机器学习回归算法简介

在监督学习中，模型通过学习示例来进行训练。除了输入数据，这里还为模型提供了相应的正确标签。在训练过程中，模型会观察数据与这些标签之间的关联，以便捕捉到数据中的模式。在之前的章节中，已经了解到监督学习算法可以分为两大类，即回归算法和分类算法。在分类算法中，模型的输出是对应于特定类别的预测，而与之不同的是，在回归算法中，模型的输出不是类别，而是一个具体的数值。

8.1.1　回归算法的概念

回归算法是一种构建特征（自变量）与结果（因变量）之间关系的技术，是机器学习中的预测建模方法，主要用于预测连续的结果。解决回归问题是机器学习模型最常见的应用之一，尤其是在监督机器学习中。回归算法是先通过训练，构建出自变量与因变量之间的关系模型，然后利用该模型预测新数据的可能值。

作为建模的一种方法，回归算法在预测数据结果方面具有很强的实用性。机器学习回归算法通常涉及最佳拟合线的绘制。如图 8.1 所示，输入的数据是一些蓝点坐标，回归算法的目的是基于输入数据拟合出一条曲线，然后最小化每个点与曲线之间的距离，以达到最佳拟合效果。

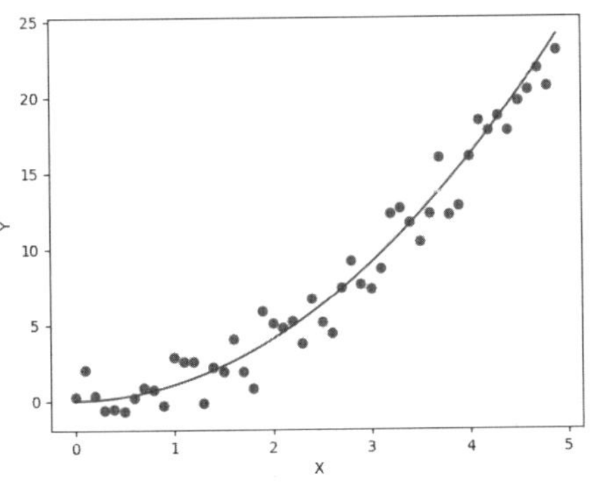

图 8.1　回归拟合曲线

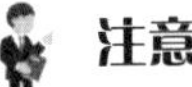

注意

与所有监督算法一样，标记数据的质量将直接影响算法的性能，因此回归算法也强烈依赖于输入数据和特征选取。

机器学习回归模型主要用于分析数据，以预测趋势或未来的结果。算法通过模型训练以构建各种不同特征与结果之间的关系。回归算法常见的应用领域有：

- 预测房价、股价、油价；
- 预测销售额、客流量；
- 预测利率；
- 分析时间序列数据和数据可视化。

8.1.2　回归算法和分类算法的区别

回归算法和分类算法都称为监督学习算法，用于在机器学习中进行预测和处理标记数据集。然而，它们对机器学习问题的不同方法是它们的主要区别。

分类算法是根据各种参数将数据集划分为特定的类。使用分类算法时，计算机程序会根据训练数据集进行训练，并且根据所学内容将数据分类为各种类别。分类算法的任务是找到将输入映射到离散输出的映射函数。

回归算法则用来构建因变量和自变量之间的相关性。回归算法的任务是找到映射函数，这样就可以将输入变量映射到连续输出变量。因此，回归算法有助于预测连续变量，如预测房价、天气和石油价格等。

如图 8.2 所示，分类算法是寻找一个超平面或曲线，将图中的点区分开；而回归算法是寻找最优的拟合曲线，使所有的点到该曲线的距离最短。

分类算法

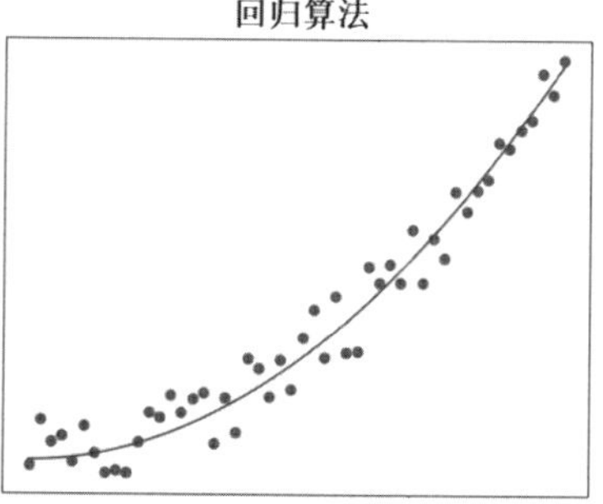

图 8.2 分类算法和回归算法

回归算法和分类算法的区别见表 8.1。

表 8.1 回归算法和分类算法的区别

算法	回归算法	分类算法
输出值	连续型数值	离散型数值
目的	找到最佳拟合曲线	找到最优分界面
用途	预测趋势、价格等	各种分类识别问题
区分	线性和非线性回归算法	二元和多元分类算法

8.1.3 习题

列举出回归算法与分类算法的相似点和不同点。

8.2 概率论在回归算法中的应用

在实现回归算法时，可能会遇到环境不确定的情况，即不能保证相同的输入总是对应相同的输出。同样，在现实世界中，尽管输入不变，但在某些情况下行为可能会有所不同，而且回归算法包含大量数据、超参数和复杂的环境，必然存在不确定性。因此，机器学习回归算法描述的是一种概率分布的形式。

因为通常需要在信息不完整的情况下做出决策，因此需要一种量化不确定性的机制——概率。在传统编程中处理的都是确定性问题，即解决方案不受不确定性的影响，而是通过概率可以对不确定性元素进行建模。

概率论在回归算法中的应用同样至关重要，因为回归问题也充满了不确定性，而概率论提供了一种有力的工具来处理这种不确定性。

1. 数据准备

概率理论在回归算法的数据准备阶段起到了关键作用。在回归任务中，不确定性可以多种方式出现，如数据中的噪声。概率理论为建模不确定性提供了一系列工具。数据中的噪声可能源自观测值的变化性、测量误差或其他因素。除了考虑样本数据中的噪声外，还需要考虑偏差的影响，即使观测是均匀抽样的，其他限制也可能引入偏差。因此，在数据准备过程中，需要综合考虑方差和偏差，以确保所选的样本能够代表建模的特征工程。

2. 模型构建

在回归算法中，概率论同样在模型构建中扮演着关键角色。从贝叶斯的角度来看，可以将回归建模视为一种模式识别问题。贝叶斯观点在模型构建中得以应用，并为那些无法获得精确答案的情况提供了近似推理算法。概率论在模式识别中发挥着关键作用，有助于解决数据中的噪声和不确定性，并将贝叶斯原理应用于回归问题。

3. 模型训练

机器学习回归模型的训练过程同样基于概率理论。例如，最大似然估计用于线性回归、逻辑回归等模型的训练；贝叶斯回归方法基于贝叶斯理论。在回归问题中，也需要调整超参数，如正则化项的系数，而这些超参数的调整可以利用概率理论中的方法，如网格搜索或贝叶斯优化。

4. 模型评估

在回归任务中，通常评估模型对于预测某一目标值的概率分布。

综上所述，概率论在机器学习回归算法中的应用同样不可或缺。

8.3 常见的回归算法

如上所述，用回归算法可以预测连续变量。现实世界中有各种各样的场景，需要对未来进行预测，如天气状况预报、销售预测、营销趋势估计等，在这种情况下，需要一些可以做出更准确预测的技术，因此需要回归算法。

在机器学习中使用了各种类型的回归算法，每种类型的算法在不同的情况下都有其重要性，但所有回归算法的核心都是分析自变量与因变量的映射关系。下面将详细介绍机器学习领域中几种常见的回归算法，如图 8.3

所示。

图 8.3 常见的回归算法

8.3.1 线性回归

线性回归是最简单的回归算法，它通过估计线性方程的系数来确定一个或多个自变量与单个因变量之间的线性关系，以预测因变量的最合适值。

假设有自变量 X 和因变量 Y，可以通过以下方程来定义简单的线性回归模型：

$$Y = WX + b$$

其中，回归系数 W 为因变量 Y 随自变量 X 的变化而变化的程度，即直线的斜率；b 为直线的截距。回归模型的目的是找到最优的(W, b)，以使误差最小。

注意

使用最小二乘法估计误差的前提，是模型各项数据相互独立。若模型无法满足这一先验条件，则会造成过拟合。

根据定义可以总结出线性回归的优缺点。

1. 优点

（1）模型简单。

（2）易于理解。

2. 缺点

（1）无法拟合非线性数据。

（2）要求输入的数据相互独立。

下面通过一个例子来加深对线性回归的理解。这里选取 SKlearn 中内置的经典波士顿房价数据，该数据包含了波士顿市 506 套房屋的详细信息，每套房屋都有不同维度的数据，具体信息见表 8.2。

表 8.2 房屋数据信息

数据名称	描　　述
CRIM	人均犯罪率
ZN	面积超过 25000 平方英尺的住宅比例
INDUS	非商业用地的比例
CHAS	查尔斯河虚拟变量
NOX	一氧化氮浓度
RM	住宅平均房间数
AGE	1940 年之前建造的自有单位的比例
DIS	到波士顿五个就业中心的加权距离
RAD	径向高速公路可达性指数
TAX	全额财产税率
PTRATIO	城镇学生和教师的比例
B	城镇非裔美国人的比例
LSTAT	人口地位较低的百分比
MEDV	自住房屋中位数价格

注：1 平方英尺=0.092903 平方米。

因此，选取住宅平均房间数（RM）为自变量，选取自住房屋中位数价格（MEDV）为因变量，使用 Python 读取波士顿房价数据，示例代码如下。

代码 8.1 读取波士顿房价代码：Load_Boston.py

```
plt.rcParams['font.sans-serif']=['SimHei']
plt.rcParams['axes.unicode_minus'] = False

def Load_Boston():
    #从 SKlearn 中导入波士顿房价数据
    boston = load_boston()
    #打印数据的不同维度
    print("波士顿房价包含以下维度：\n"+ str(boston.feature_names))
    #选取自变量
    x = pd.DataFrame(boston.data).iloc[:, 5:6]
    #选取因变量
    y = pd.DataFrame(boston.target)
    #打印房价
    print("波士顿房价为：\n")
    print(y)
    #绘制曲线
    plt.scatter(x, y)
```

```
#设置 X 轴
plt.xlabel("住宅平均房间数（RM）")
#设置 Y 轴
plt.ylabel("自住房屋中位数价格（MEDV）")
#设置标题
plt.title("波士顿房价分布")
plt.show()
```

输出的结果为：

```
波士顿房价包含以下维度：
['CRIM' 'ZN' 'INDUS' 'CHAS' 'NOX' 'RM' 'AGE' 'DIS' 'RAD' 'TAX'
'PTRATIO' 'B' 'LSTAT']
波士顿房价为：
0    24.0
1    21.6
2    34.7
3    33.4
4    36.2
..    ...
501  22.4
502  20.6
503  23.9
504  22.0
505  11.9
```

绘制的住宅平均房间数与房屋价格的数据如图 8.4 所示。

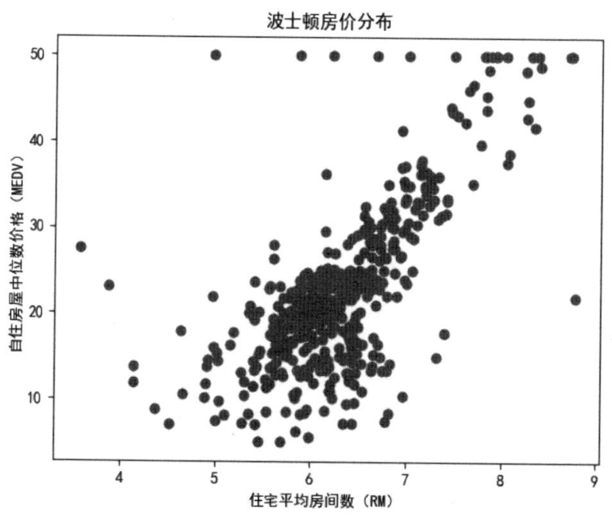

图 8.4　住宅平均房间数与房屋价格的数据

使用线性回归拟合波士顿房价分布，具体的 Python 代码如下。

代码 8.2　线性回归代码：Line_Regression.py

```
import numpy as np
import pandas as pd
from sklearn.linear_model import LinearRegression
import matplotlib.pyplot as plt
from sklearn.metrics import r2_score
from sklearn.model_selection import train_test_split
from matplotlib.font_manager import FontProperties

#设置中文字体
font = FontProperties(fname='C:/Windows/Fonts/msyh.ttc', size=14)

data_url = "http://lib.stat.cmu.edu/datasets/boston"
raw_df = pd.read_csv(data_url, sep=r"\s+", skiprows=22,
header=None)
data = np.hstack([raw_df.values[::2, :], raw_df.values
[1::2, :2]])
target = raw_df.values[1::2, 2]

#转换数据为 DataFrame
df = pd.DataFrame(data, columns=["CRIM", "ZN", "INDUS", "CHAS",
"NOX", "RM", "AGE", "DIS", "RAD", "TAX", "PTRATIO", "B", "LSTAT"])
df['target'] = target


def Line_Regression():
    #选取自变量
    x = df[['RM']].values  #这里使用了 'RM' 列，代表每个住宅的平均
房间数
    #选取因变量
    y = df['target'].values

    #切分训练样本和测试样本，比例为 8:2
    x_train, x_test, y_train, y_test = train_test_split(x, y,
test_size=0.2)

    #选择线性回归算法
    model = LinearRegression()
    #模型训练
    model.fit(x_train, y_train)
    #对自变量进行排序以便绘图
```

```
    x_sorted = np.sort(x, axis=0)
    #预测因变量
    y_pred = model.predict(x_sorted)

    #计算准确率
    accuracy = r2_score(y_test, y_pred)

    print("波士顿数据划分为{}个训练数据和{}个测试数据".format
(len(x_train), len(x_test)))
    print("线性回归的准确率为: {:.3f}".format(accuracy))

    #创建两个子图
    fig, (ax1, ax2) = plt.subplots(1, 2, figsize=(10, 5))

    #子图 1: 真实数据和预测数据的分布曲线
    x_test_sorted = np.sort(x_test, axis=0)
    y_pred_test = model.predict(x_test_sorted)
    ax1.plot(x_test_sorted.flatten(),        y_test,        'o-',
color='black', label='真实数据', markersize=5, markerfacecolor
='none', markeredgewidth=1, markeredgecolor='black')
    ax1.plot(x_test_sorted.flatten(),    y_pred_test,    's-',
color='black', label='预测数据', markersize=5, markerfacecolor
='none', markeredgewidth=1, markeredgecolor='black')

    #设置 X 轴
    ax1.set_xlabel("房屋平均房间数 (RM)", fontproperties=font)
    #设置 Y 轴
    ax1.set_ylabel("价格", fontproperties=font)
    ax1.set_title("线性回归", fontproperties=font)
    ax1.legend(prop=font)

    #子图 2: 真实数据和预测数据的拟合曲线
    ax2.plot(x_sorted,   y_pred,   color='red',   linewidth=2,
label='拟合曲线')
    ax2.scatter(x_test, y_test, color='black', s=15, label=
'真实数据', marker='^')

    #设置 X 轴
    ax2.set_xlabel("房屋平均房间数 (RM)", fontproperties=font)
    #设置 Y 轴
    ax2.set_ylabel("自住房屋中位数价格 (MEDV)", fontproperties
=font)
    ax2.set_title("拟合曲线", fontproperties=font)
```

8

```
    ax2.legend(prop=font)

    plt.tight_layout()  #自动调整子图间的间距
    plt.show()

# 调用函数生成图形
Line_Regression()
```

输出的结果为：

```
波士顿数据划分为 404 个训练数据和 102 个测试数据
线性回归的准确率为:0.414
```

绘制的房屋平均房间数与价格的数据如图 8.5 所示。

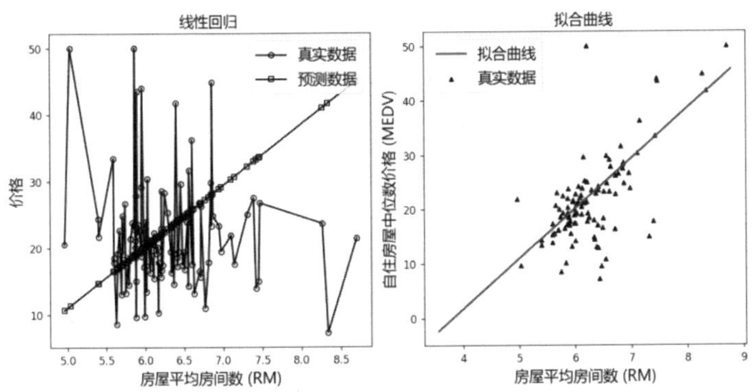

图 8.5　测试集中线性回归的分布和拟合曲线

8.3.2　岭回归

在监督机器学习中，当模型在训练数据集中过多学习异常值和噪声的特征时，就会发生过拟合，使模型在测试数据集上表现不佳。为了防止过拟合，可以在训练回归模型时加入正则系数。随着模型复杂性的增加，正则化基本上会不断增加对参数的惩罚项，以使模型有较好的泛化能力且不会过拟合。

若损失函数为二项式损失函数：

$$\text{Loss} = \min\sum(y_i - w^{\mathrm{T}}x_i)^2$$

那么 L2 正则化为

$$\text{NewLoss} = \min\sum(y_i - w^{\mathrm{T}}x_i)^2 + \lambda\|w\|_2^2$$

其中，λ 为 L2 正则的权重系数，L2 正则曲线的形状为圆形，如图 8.6 所示。

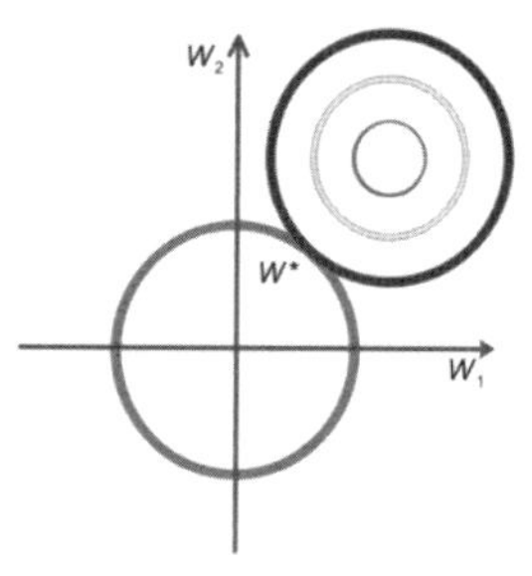

图 8.6　L2 正则

说明

通常有几种方法可以避免模型过拟合：交叉验证采样、减少特征数量、修剪、正则化等。

在线性回归的基础上增加 L2 正则称为岭回归。换句话说，岭回归就是将系数的平方幅度作为惩罚项添加到损失函数中，对于惩罚幅度，当 λ 等于 0 时，此时会退化到简单的线性回归；当 λ 很大时，对系数惩罚幅度过大，会导致欠拟合。

根据定义可以总结出岭回归的优缺点。

1. 优点

（1）模型简单。

（2）易于理解。

（3）可以抑制过拟合。

2. 缺点

（1）增加偏差因子，解释性差。

（2）没有特征选择功能。

下面通过一个例子来加深对岭回归的理解。这里仍然选取 SKlearn 中内置的经典波士顿房价数据，选取住宅平均房间数（RM）为自变量，选取自住房屋中位数价格（MEDV）为因变量。具体的 Python 代码实现如下。

代码 8.3　岭回归代码：Rige_Regression.py

```
import numpy as np
import pandas as pd
from sklearn.linear_model import Ridge
import matplotlib.pyplot as plt
from sklearn.metrics import r2_score
from sklearn.model_selection import train_test_split
```

```
from matplotlib.font_manager import FontProperties

font = FontProperties(fname='C:/Windows/Fonts/msyh.ttc',
size =14)

data_url = "http://lib.stat.cmu.edu/datasets/boston"
raw_df = pd.read_csv(data_url, sep=r"\s+", skiprows=22, header
=None)
data  =  np.hstack([raw_df.values[::2,  :],  raw_df.values
[1::2, :2]])
target = raw_df.values[1::2, 2]

df = pd.DataFrame(data, columns=["CRIM", "ZN", "INDUS", "CHAS",
"NOX", "RM", "AGE", "DIS", "RAD", "TAX", "PTRATIO", "B", "LSTAT"])
df['target'] = target

def Ridge_Regression():
    x = df[['RM']].values
    y = df['target'].values

    x_train, x_test, y_train, y_test = train_test_split(x, y,
test_size=0.2)

    model = Ridge(alpha=1.0)
    model.fit(x_train, y_train)
    x_sorted = np.sort(x, axis=0)
    y_pred = model.predict(x_sorted)
    #计算准确率
    accuracy = r2_score(y_test, y_pred)

    print("波士顿数据划分为{}个训练数据和{}个测试数据".format(len
(x_train), len(x_test)))
    print("线性回归的准确率为: {:.3f}".format(accuracy))

    fig, (ax1, ax2) = plt.subplots(1, 2, figsize=(10, 5))

    x_test_sorted = np.sort(x_test, axis=0)
    y_pred_test = model.predict(x_test_sorted)
    ax1.plot(x_test_sorted.flatten(),    y_test,    'o-',
color='black', label='真实数据', markersize=5, markerfacecolor
='none', markeredgewidth=1, markeredgecolor='black')
    ax1.plot(x_test_sorted.flatten(),   y_pred_test,   's-',
color='black', label='预测数据', markersize=5, markerfacecolor
='none', markeredgewidth=1, markeredgecolor='black')
```

```
    ax1.set_xlabel("房屋平均房间数 (RM)", fontproperties=font)
    ax1.set_ylabel("价格", fontproperties=font)
    ax1.set_title("岭回归", fontproperties=font)
    ax1.legend(prop=font)

    ax2.plot(x_sorted,  y_pred,  color='red',  linewidth=2,
label='拟合曲线')
    ax2.scatter(x_test, y_test, color='black', s=15, label='
真实数据', marker='^')

    ax2.set_xlabel("房屋平均房间数 (RM)", fontproperties=font)
    ax2.set_ylabel("自住房屋中位数价格 (MEDV)", fontproperties
=font)
    ax2.set_title("拟合曲线", fontproperties=font)
    ax2.legend(prop=font)

    plt.tight_layout()
    plt.show()

Ridge_Regression()
```

输出的结果为：

```
波士顿数据划分为 404 个训练数据和 102 个测试数据
岭回归的准确率为:0.515
```

绘制的房屋平均房间数与价格的数据如图 8.7 所示。

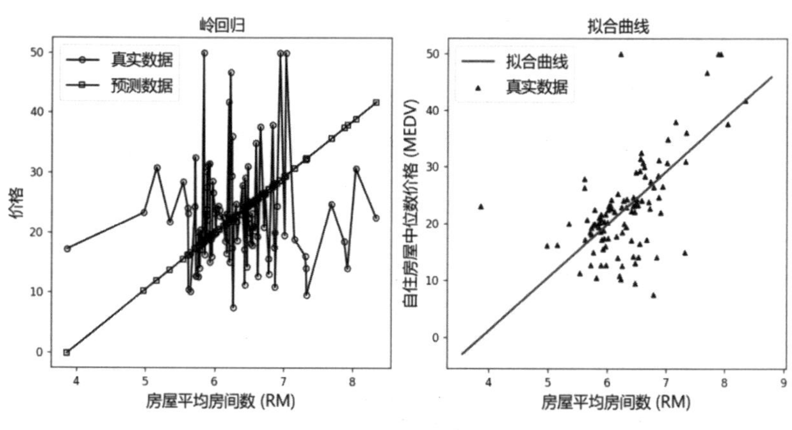

图 8.7　测试集中岭回归的分布和拟合曲线

8.3.3 Lasso 回归

和岭回归类似，Lasso 回归利用的是 L1 正则，将系数的绝对值作为惩罚项添加到损失函数中。新的损失函数为：

$$\text{NewLoss} = \min \sum (y_i - w^{\mathrm{T}} x_i)^2 + \lambda \|w\|_1$$

其中，λ 为 L1 正则的权重系数，L1 正则曲线的形状为菱形，如图 8.8 所示。

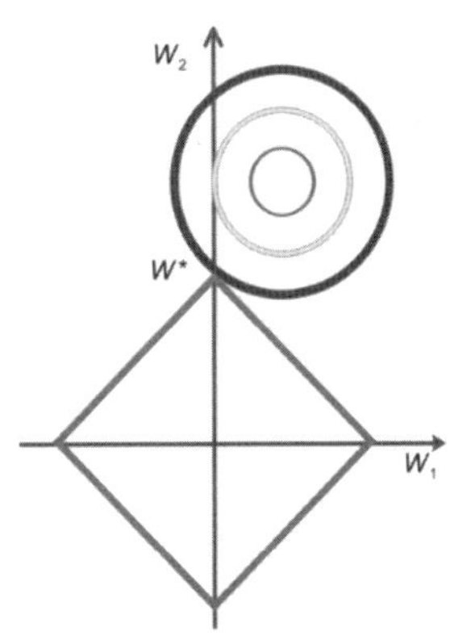

图 8.8　L1 正则

同样地，对于 L1 正则的惩罚幅度，当 λ 等于 0 时，此时会退化到简单的线性回归；当 λ 很大时，对系数惩罚幅度过大，会导致欠拟合。

Lasso 回归和岭回归最大的区别是正则项的选择，这使 Lasso 回归能够将不太重要的特征的系数直接缩小到零，从而完全删除一些无效特征。因此，Lasso 回归具有特征选择的能力。

根据定义可以总结出 Lasso 回归的优缺点。

1. 优点

（1）模型简单。

（2）易于理解。

（3）可以抑制过拟合。

（4）可以通过丢弃无用特征来降低数据维数。

2. 缺点

（1）增加偏差因子。

（2）解释性差。

下面通过一个例子来加深对 Lasso 回归的理解。这里仍然选取 SKlearn 中内置的经典波士顿房价数据，选取住宅平均房间数（RM）为自变量，选取自住房屋中位数价格（MEDV）为因变量。具体的 Python 代码实现如下。

代码 8.4　Lasso 回归代码：Lasso_Regression.py

```
import numpy as np
import pandas as pd
from sklearn.linear_model import Lasso
import matplotlib.pyplot as plt
from sklearn.metrics import r2_score
from sklearn.model_selection import train_test_split
from matplotlib.font_manager import FontProperties

font = FontProperties(fname='C:/Windows/Fonts/msyh.ttc',
size =14)

data_url = "http://lib.stat.cmu.edu/datasets/boston"
raw_df  =  pd.read_csv(data_url,  sep=r"\s+",  skiprows=22,
header=None)
data   =   np.hstack([raw_df.values[::2,   :],   raw_df.values
[1::2, :2]])
target = raw_df.values[1::2, 2]

df = pd.DataFrame(data, columns=["CRIM", "ZN", "INDUS", "CHAS",
"NOX", "RM", "AGE", "DIS", "RAD", "TAX", "PTRATIO", "B", "LSTAT"])
df['target'] = target

def Lasso_Regression():
   x = df[['RM']].values
   y = df['target'].values

   x_train, x_test, y_train, y_test = train_test_split(x, y,
test_size=0.2)

   model = Lasso(alpha=1.0)
   model.fit(x_train, y_train)
   x_sorted = np.sort(x, axis=0)
   y_pred = model.predict(x_sorted)

   #计算准确率
   accuracy = r2_score(y_test, y_pred)
```

```
    print("波士顿数据划分为{}个训练数据和{}个测试数据".format(len
(x_train), len(x_test)))
    print("线性回归的准确率为: {:.3f}".format(accuracy))

    fig, (ax1, ax2) = plt.subplots(1, 2, figsize=(10, 5))

    x_test_sorted = np.sort(x_test, axis=0)
    y_pred_test = model.predict(x_test_sorted)
    ax1.plot(x_test_sorted.flatten(),      y_test,      'o-',
color='black', label='真实数据', markersize=5, markerfacecolor
='none', markeredgewidth=1, markeredgecolor='black')
    ax1.plot(x_test_sorted.flatten(),    y_pred_test,    's-',
color='black', label='预测数据', markersize=5, markerfacecolor
='none', markeredgewidth=1, markeredgecolor='black')

    ax1.set_xlabel("房屋平均房间数 (RM)", fontproperties=font)
    ax1.set_ylabel("价格", fontproperties=font)
    ax1.set_title("Lasso 回归", fontproperties=font)
    ax1.legend(prop=font)

    ax2.plot(x_sorted,   y_pred,   color='red',   linewidth=2,
label='拟合曲线')
    ax2.scatter(x_test, y_test, color='black', s=15, label='
真实数据', marker='^')

    ax2.set_xlabel("房屋平均房间数 (RM)", fontproperties=font)
    ax2.set_ylabel("自住房屋中位数价格 (MEDV)", fontproperties
=font)
    ax2.set_title("拟合曲线", fontproperties=font)
    ax2.legend(prop=font)

    plt.tight_layout()
    plt.show()

Lasso_Regression()
```

输出的结果为：

```
波士顿数据划分为404个训练数据和102个测试数据
Lasso回归的准确率为: 0.533
```

绘制的房屋平均房间数与价格的数据如图 8.9 所示。

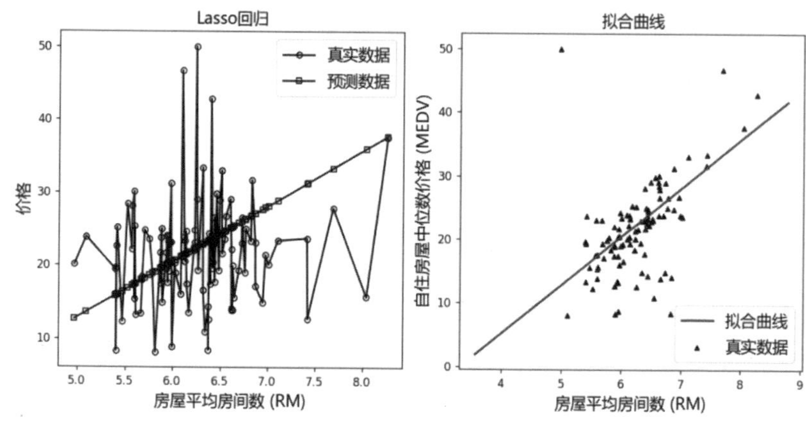

图 8.9　测试 Lasso 回归的分布和拟合曲线

说明

因为波士顿房屋价格数据只有 13 维数据，因此不能体现 Lasso 回归特征选择的特性，读者可以在更高维数据中尝试该回归算法。

8.3.4　弹性网络回归

弹性网络回归（ElasticNet）是岭回归和 Lasso 回归的综合体，其结合了 L1 正则和 L2 正则，损失函数为

$$\text{NewLoss} = \min \sum (y_i - w^{\mathrm{T}} x_i)^2 + \lambda_1 \|w\|_1 + \lambda_2 \|w\|_2^2$$

其中，λ_1 为 L1 正则的权重系数；λ_2 为 L2 正则的权重系数。

有时通过超参数 α 来分配 λ_1 和 λ_2，则

$$0 < \alpha < 1$$

$$\lambda_1 = \lambda \times \alpha$$

$$\lambda_2 = \lambda \times (1 - \alpha)$$

其中，λ 为弹性网络回归的整体惩罚系数。

根据定义可以总结出弹性网络回归的优缺点。

1．优点

（1）模型简单。

（2）易于理解。

（3）可以抑制过拟合。

（4）可以通过丢弃无用特征降低数据维数。

2. 缺点

（1）增加偏差因子。

（2）解释性差。

下面通过一个例子来加深对弹性网络回归的理解。这里仍然选取SKlearn 中内置的经典波士顿房价数据，选取住宅平均房间数（RM）为自变量，选取自住房屋中位数价格（MEDV）为因变量。具体的 Python 代码实现如下。

代码 8.5 弹性网络回归代码：ElasticNet _Regression.py

```
import numpy as np
import pandas as pd
from sklearn.linear_model import ElasticNet
import matplotlib.pyplot as plt
from sklearn.metrics import r2_score
from sklearn.model_selection import train_test_split
from matplotlib.font_manager import FontProperties

font = FontProperties(fname='C:/Windows/Fonts/msyh.ttc',
size =14)

data_url = "http://lib.stat.cmu.edu/datasets/boston"
raw_df = pd.read_csv(data_url, sep=r"\s+", skiprows=22, header
=None)
data = np.hstack([raw_df.values[::2, :], raw_df.values
[1::2, :2]])
target = raw_df.values[1::2, 2]

df = pd.DataFrame(data, columns=["CRIM", "ZN", "INDUS", "CHAS",
"NOX", "RM", "AGE", "DIS", "RAD", "TAX", "PTRATIO", "B", "LSTAT"])
df['target'] = target

def ElasticNet_Regression():
    x = df[['RM']].values
    y = df['target'].values

    x_train, x_test, y_train, y_test = train_test_split(x, y,
test_size=0.2)

    model = ElasticNet(alpha=1.0, l1_ratio=0.5)
    model.fit(x_train, y_train)
    x_sorted = np.sort(x, axis=0)
```

```
    y_pred = model.predict(x_sorted)

    #计算准确率
    y_pred_test = model.predict(x_test)  # 使用模型预测测试数据
    accuracy = r2_score(y_test, y_pred_test)  # 计算准确率

    print("波士顿数据划分为{}个训练数据和{}个测试数据".format(len
(x_train), len(x_test)))
    print("弹性网络回归的准确率为: {:.3f}".format(accuracy))

    fig, (ax1, ax2) = plt.subplots(1, 2, figsize=(10, 5))

    x_test_sorted = np.sort(x_test, axis=0)
    y_pred_test = model.predict(x_test_sorted)
    ax1.plot(x_test_sorted.flatten(), y_test, 'o-', color='black',
label='真实数据', markersize=5, markerfacecolor ='none',
        markeredgewidth=1, markeredgecolor='black')
    ax1.plot(x_test_sorted.flatten(),    y_pred_test,    's-',
color='black', label='预测数据', markersize=5, markerfacecolor
='none', markeredgewidth=1, markeredgecolor='black')

    ax1.set_xlabel("房屋平均房间数 (RM)", fontproperties=font)
    ax1.set_ylabel("价格", fontproperties=font)
    ax1.set_title("Elastic 回归", fontproperties=font)
    ax1.legend(prop=font)

    ax2.plot(x_sorted, y_pred, color='red', linewidth=2, label
='拟合曲线')
    ax2.scatter(x_test, y_test, color='black', s=15, label='
真实数据', marker='^')

    ax2.set_xlabel("房屋平均房间数 (RM)", fontproperties=font)
    ax2.set_ylabel("自住房屋中位数价格 (MEDV)", fontproperties
=font)
    ax2.set_title("拟合曲线", fontproperties=font)
    ax2.legend(prop=font)

    plt.tight_layout()
    plt.show()

ElasticNet_Regression()
```

输出的结果为：

```
波士顿数据划分为 404 个训练数据和 102 个测试数据
```

```
弹性网络回归的准确率为： 0.348
```

绘制的房屋平均房间数与价格的数据如图 8.10 所示。

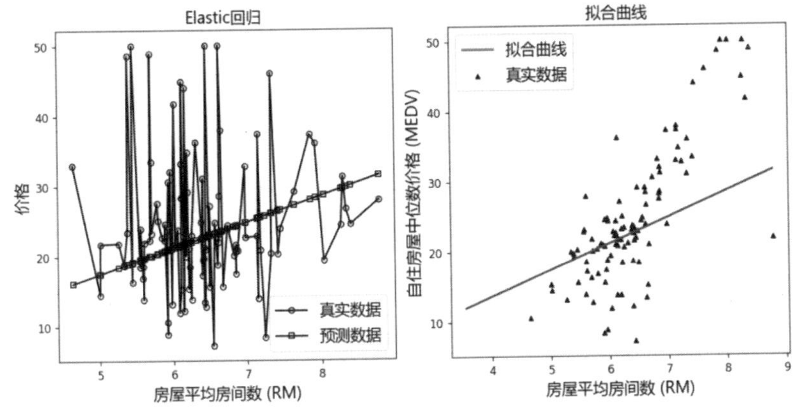

图 8.10　测试集中弹性网络回归的分布和拟合曲线

8.3.5　决策树回归

在前面的章节中，已经了解了可以通过决策树来分类。决策树通过迭代分裂树节点进行增长，直到叶子节点不再包含杂质或达到终止条件。实际上树模型也能用来做回归算法，被称为决策树回归。决策树回归可以解决非线性特征的问题，因此不需要做特征标准化和量化，同时为了防止决策树过拟合，通常需要对树进行剪枝。

对比决策树分类和决策树回归算法的不同如下。

（1）树分类输出的是类别，而树回归输出的是具体的值，如图 8.11 所示。

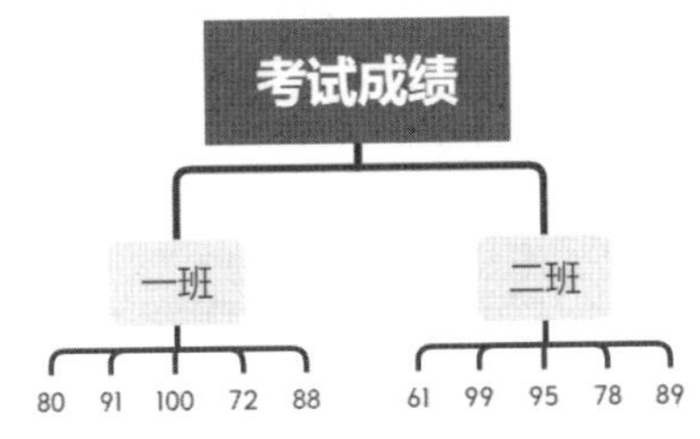

图 8.11　决策树回归

（2）树分类的输入数据是离散的，而树回归的输入数据可以是连续的。

根据定义可以总结出决策树的优缺点。

1. 优点

（1）易于理解和可视化。

（2）对数据缺失不敏感。

（3）不需要特征强相关。

2. 缺点

（1）训练成本较高。

（2）在具有许多类和相对较少训练示例的分类问题中容易出错。

（3）容易过拟合。

下面通过一个例子来加深对决策树回归的理解。这里仍然选取SKlearn中内置的经典波士顿房价数据，选取住宅平均房间数（RM）为自变量，选取自住房屋中位数价格（MEDV）为因变量。具体的Python代码实现如下。

代码 8.6　决策树回归代码：DecisionTree_Regression.py

```
import numpy as np
import pandas as pd
from sklearn.tree import DecisionTreeRegressor
import matplotlib.pyplot as plt
from sklearn.metrics import r2_score
from sklearn.model_selection import train_test_split
from matplotlib.font_manager import FontProperties

font = FontProperties(fname='C:/Windows/Fonts/msyh.ttc',
size=14)

data_url = "http://lib.stat.cmu.edu/datasets/boston"
raw_df = pd.read_csv(data_url, sep=r"\s+", skiprows=22, header
=None)
data = np.hstack([raw_df.values[::2, :], raw_df.values[1::2, :2]])
target = raw_df.values[1::2, 2]

df = pd.DataFrame(data, columns=["CRIM", "ZN", "INDUS", "CHAS",
"NOX", "RM", "AGE", "DIS", "RAD", "TAX", "PTRATIO", "B",
"LSTAT"])
df['target'] = target

def DecisionTree_Regression():
    x = df[['RM']].values
```

```
    y = df['target'].values

    x_train, x_test, y_train, y_test = train_test_split(x, y,
test_size=0.2, random_state=42)  #添加随机种子以确保可重复性

    model = DecisionTreeRegressor(max_depth=10) #增加决策树深度
    model.fit(x_train, y_train)
    x_sorted = np.sort(x, axis=0)
    y_pred = model.predict(x_sorted)

    #计算准确率
    y_pred_test = model.predict(x_test)
    accuracy = r2_score(y_test, y_pred_test)

    print("波士顿数据划分为{}个训练数据和{}个测试数据".format(len
(x_train), len(x_test)))
    print("决策树回归的准确率为: {:.3f}".format(accuracy))

    fig, (ax1, ax2) = plt.subplots(1, 2, figsize=(10, 5))

    x_test_sorted = np.sort(x_test, axis=0)
    y_pred_test = model.predict(x_test_sorted)
    ax1.plot(x_test_sorted.flatten(),      y_test,      'o-',
color='black', label='真实数据', markersize=5, markerfacecolor
='none', markeredgewidth=1, markeredgecolor='black')
    ax1.plot(x_test_sorted.flatten(),   y_pred_test,    's-',
color='black', label='预测数据', markersize=5, markerfacecolor
='none', markeredgewidth=1, markeredgecolor='black')

    ax1.set_xlabel("房屋平均房间数 (RM)", fontproperties=font)
    ax1.set_ylabel("价格", fontproperties=font)
    ax1.set_title("决策树回归", fontproperties=font)
    ax1.legend(prop=font)

    ax2.plot(x_sorted,  y_pred,  color='red',  linewidth=2,
label='拟合曲线')
    ax2.scatter(x_test, y_test, color='black', s=15, label='
真实数据', marker='^')

    ax2.set_xlabel("房屋平均房间数 (RM)", fontproperties=font)
    ax2.set_ylabel("自住房屋中位数价格 (MEDV)", fontproperties
=font)
    ax2.set_title("拟合曲线", fontproperties=font)
```

```
    ax2.legend(prop=font)

    plt.tight_layout()
    plt.show()

DecisionTree_Regression()
```

输出的结果为：

```
波士顿数据划分为 404 个训练数据和 102 个测试数据
决策树回归的准确率为: 0.248
```

绘制的房屋平均房间数与价格的数据如图 8.12 所示。

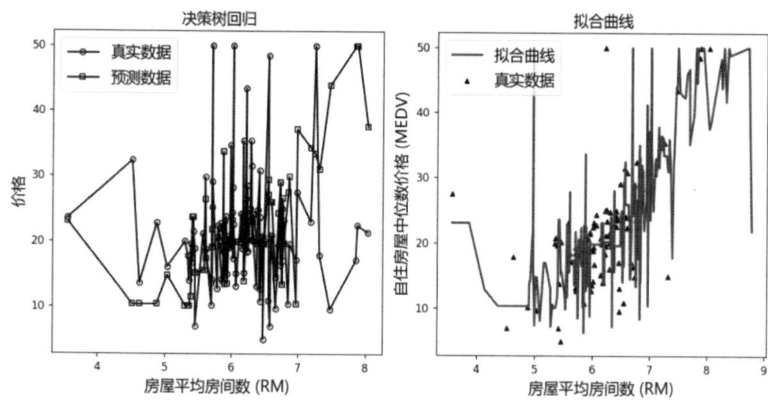

图 8.12　测试集中决策树回归的分布和拟合曲线

8.3.6　随机森林回归

集成学习是一种通过融合两个或多个模型的显著属性在预测中达成共识的方法。因为集成减少了预测误差的方差，所以最终的集成学习框架比构成集成的单个模型更稳健。集成学习试图从其不同的模型中捕获互补信息。也就是说，当模型在统计上多样化时，集成框架是成功的。集成学习根据其结构的不同，可以分为袋装法（Bagging）、提升法（Boosting）和堆叠法（Stacking）如图 8.13 所示。

Bagging 的核心思想是构建多个相互独立的模型，然后选取这些模型的平均值或多数值作为最终结果。随机森林是典型的 Bagging 集成算法，通过合并几个不相关的决策树，通常可以提高模型的准确率。树在生长时会受到某些随机过程的影响选取模型的平均值作为最终值，因此，处理高维数据和不平衡数据往往是随机森林的特长。

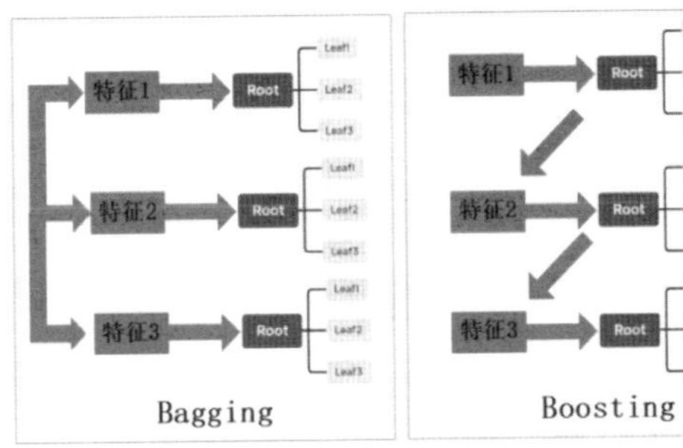

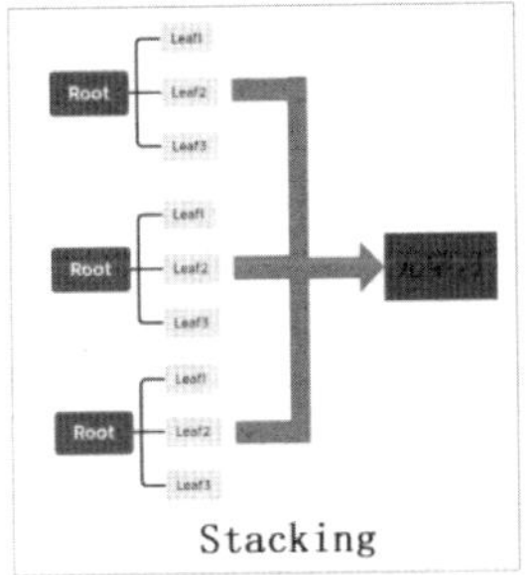

图 8.13 集成算法

说明

处理随机森林，常用的集成回归算法有 Adaboost 回归、Extra-Tree 回归、梯度提升回归和隔离森林等。关于这部分的细节，本书将不作过多讲解，感兴趣的读者可以查阅相关资料或联系本书作者。

根据定义可以总结出随机森林的优缺点。

1. 优点

（1）易于理解和可视化。

（2）对数据缺失不敏感。

（3）可以处理高维数据，不需要特征选取。

（4）泛化能力强。

2. 缺点

（1）训练成本较高。

（2）在具有许多类和相对较少训练示例的分类问题中容易出错。

（3）容易过拟合。

下面通过一个例子来加深对随机森林回归的理解。这里仍然选取 SKlearn 中内置的经典波士顿房价数据，选取住宅平均房间数（RM）为自变量，选取自住房屋中位数价格（MEDV）为因变量。具体的 Python 代码实现如下。

代码 8.7 随机森林回归代码：Random_Forest_Regression.py

```
import numpy as np
import pandas as pd
from sklearn.ensemble import RandomForestRegressor
#导入随机森林回归模型
import matplotlib.pyplot as plt
from sklearn.metrics import r2_score
```

```
from sklearn.model_selection import train_test_split
from matplotlib.font_manager import FontProperties

font = FontProperties(fname='C:/Windows/Fonts/msyh.ttc',
size =14)

data_url = "http://lib.stat.cmu.edu/datasets/boston"
raw_df  =  pd.read_csv(data_url,  sep=r"\s+",  skiprows=22,
header=None)
data = np.hstack([raw_df.values[::2, :], raw_df.values[1::2, :2]])
target = raw_df.values[1::2, 2]

df = pd.DataFrame(data, columns=["CRIM", "ZN", "INDUS", "CHAS",
"NOX", "RM", "AGE", "DIS", "RAD", "TAX", "PTRATIO", "B", "LSTAT"])
df['target'] = target

def RandomForest_Regression():
    x = df[['RM']].values
    y = df['target'].values

    x_train, x_test, y_train, y_test = train_test_split(x, y,
test_size=0.2)

    model = RandomForestRegressor(n_estimators=100, random_state
=42)  #使用随机森林回归，设置树的数量
    model.fit(x_train, y_train)
    x_sorted = np.sort(x, axis=0)
    y_pred = model.predict(x_sorted)

    #计算准确率
    y_pred_test = model.predict(x_test)
    accuracy = r2_score(y_test, y_pred_test)

    print("波士顿数据划分为{}个训练数据和{}个测试数据".format(len
(x_train), len(x_test)))
    print("随机森林回归的准确率为: {:.3f}".format(accuracy))

    fig, (ax1, ax2) = plt.subplots(1, 2, figsize=(10, 5))

    x_test_sorted = np.sort(x_test, axis=0)
    y_pred_test = model.predict(x_test_sorted)
    ax1.plot(x_test_sorted.flatten(),      y_test,      'o-',
color='black', label='真实数据', markersize=5, markerfacecolor
```

```
='none', markeredgewidth=1, markeredgecolor='black')
    ax1.plot(x_test_sorted.flatten(),    y_pred_test,    's-',
color='black', label='预测数据', markersize=5, markerfacecolor
='none', markeredgewidth=1, markeredgecolor='black')

    ax1.set_xlabel("房屋平均房间数 (RM)", fontproperties=font)
    ax1.set_ylabel("价格", fontproperties=font)
    ax1.set_title("随机森林回归", fontproperties=font)
    ax1.legend(prop=font)

    ax2.plot(x_sorted,   y_pred,   color='red',   linewidth=2,
label='拟合曲线')
    ax2.scatter(x_test, y_test, color='black', s=15, label='
真实数据', marker='^')

    ax2.set_xlabel("房屋平均房间数 (RM)", fontproperties=font)
    ax2.set_ylabel("自住房屋中位数价格 (MEDV)", fontproperties =font)
    ax2.set_title("拟合曲线", fontproperties=font)
    ax2.legend(prop=font)

    plt.tight_layout()
    plt.show()

RandomForest_Regression()
```

输出的结果为：

```
波士顿数据划分为 404 个训练数据和 102 个测试数据
随机森林回归的准确率为：0.550
```

绘制的房屋平均房间数与价格的数据如图 8.14 所示。

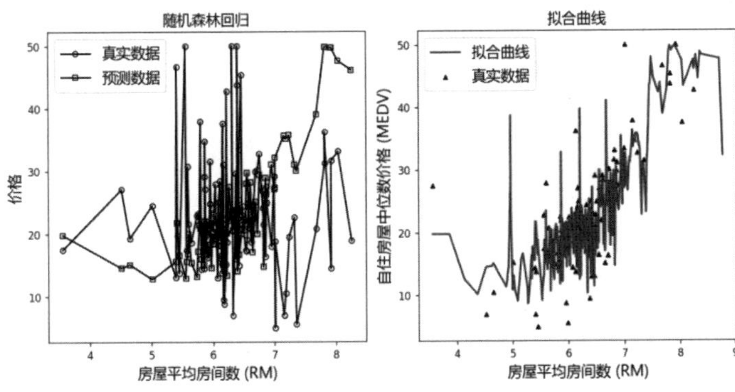

图 8.14　测试随机森林回归的分布和拟合曲线

8.3.7 深度学习

深度学习是一种机器学习方法，它模仿人脑神经网络的结构和功能，通过多层神经网络来自动学习和提取数据的高级特征，用于解决各种复杂的任务，如图像识别、自然语言处理、语音识别等，其核心思想是通过大规模数据和反向传播算法来不断调整神经网络的权重，从而实现高效的模式识别和预测。深度学习在各领域取得了显著的成就，是人工智能领域的重要驱动力之一。

下面通过一个例子来加深对深度学习的理解。选取 SKlearn 中内置的经典波士顿房价数据，选取住宅平均房间数（RM）、城镇学生和教师的比例（PTRATIO）和人口地位较低的百分比（LSTAT）为自变量，选取自住房屋中位数价格（MEDV）为因变量。具体的 Python 代码实现如下。

代码 8.8 深度学习回归代码：DeepLearning_Regression.py

```
import matplotlib.pyplot as plt
import numpy as np
import pandas as pd
from sklearn.datasets import load_boston
from sklearn.model_selection import train_test_split
from sklearn.preprocessing import MinMaxScaler
from keras.models import Sequential
from sklearn.metrics import r2_score
from keras.layers import Dense

plt.rcParams['font.sans-serif']=['SimHei']
plt.rcParams['axes.unicode_minus'] = False

def Deep_Learning_Regression():
    #导入数据
    boston = load_boston()
    #因为要选取多维数据，所以将数据转换为 pd 格式
    data = pd.DataFrame(boston.data, columns=boston.feature_names)
    data['target'] = boston.target
    #选取自变量和因变量，选取 RM、LSTAT、PTRATIO 这三列数据
    x,y = data[['RM', 'LSTAT', 'PTRATIO']], data[['target']]

    #切分训练数据和测试数据，比例为 8:2
    x_train, x_test, y_train, y_test = train_test_split(x, y, 
test_size=0.2)
```

```
#归一化处理
x_train, y_train = MinMaxScaler().fit_transform(x_train),
MinMaxScaler().fit_transform(y_train)
x_test, y_test = MinMaxScaler().fit_transform(x_test),
MinMaxScaler().fit_transform(y_test)
#输出训练数据和测试数据的维度
print("波士顿数据划分为%d 个训练数据和%d 个测试数据"%(x_train.
shape[0],x_test.shape[0]))
#构建网络模型
model = Sequential()
#全连接层
model.add(Dense(64, input_dim=3, activation='relu'))
#全连接层
model.add(Dense(128, input_dim=3, activation='relu'))
#全连接层
model.add(Dense(256, input_dim=3, activation='relu'))
#输出层
model.add(Dense(1, activation='sigmoid'))
#打印网络结构
model.summary()
#模型编译，损失函数选取均方误差，优化器选 Adam
model.compile(loss='mean_squared_error', optimizer='adam')
#模型训练，训练 50 个 epoch，batch_size 设置为 128
model.fit(x_train, y_train, validation_data=(x_test, y_test),
epochs=50, batch_size=128)
#利用模型预测可能的值
result = model.predict(x_test)
score = r2_score(y_test, result)
print("深度学习回归的准确率为:%.3f" % score)
#绘制真实数据和预测数据的分布曲线
plt.plot(np.arange(len(result)), y_test, 'go-', label='真
实数据')
plt.plot(np.arange(len(result)), result, 'ro-', label='预
测数据')
#设置 X 轴
plt.xlabel("房屋")
#设置 Y 轴
plt.ylabel("价格")
plt.title("深度学习回归")
plt.legend()
plt.show()
```

输出的结果为：

```
Model: "sequential"
_________________________________________________________________
 Layer (type)                Output Shape              Param #
=================================================================
 dense (Dense)               (None, 64)                256

 dense_1 (Dense)             (None, 128)               8320

 dense_2 (Dense)             (None, 256)               33024

 dense_3 (Dense)             (None, 1)                 257

=================================================================
Total params: 41,857
Trainable params: 41,857
Non-trainable params: 0
_________________________________________________________________
波士顿数据划分为 404 个训练数据和 102 个测试数据
线性回归的准确率为:0.852
```

深度学习数据分布如图 8.15 所示。

说明

深度学习主要是基于大数据处理，波士顿房价这个量级的数据并不能展示其所有能力。

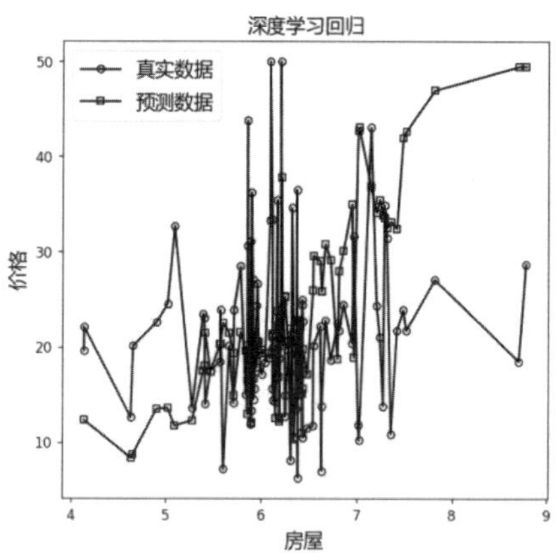

图 8.15　测试集中深度学习数据分布

8.3.8 习题

尝试使用 Lasso 回归算法，对 SKlearn 内置的 30 维癌症数据集进行训练并绘制拟合曲线。具体 Python 代码如下：

代码 8.9 数据导入代码：Load_Data.py

```
import matplotlib.pyplot as plt
import numpy as np
from sklearn.datasets import load_breast_cancer
cancer = load_breast_cancer()
x = cancer.data
y = cancer.target
```

8.4 温故而知新

学完本章后，读者需要回答以下问题：

- 什么是机器学习回归算法？
- 机器学习回归和分类算法有哪些不同？
- 机器学习回归算法的步骤是什么？
- 机器学习回归算法可以分为哪几类？
- 常见的机器学习回归算法有哪些？
- 深度学习回归算法和传统机器学习回归算法有哪些不同点？

第 9 章　实战：强化学习

本章正式进入机器学习实战篇，将通过一些有趣的机器学习实战案例，帮助读者加深对概率论的理解。首先，介绍强化学习的整体框架和基本概念；然后，简述强化学习的基本算法；之后，逐层深入，讲述概率论在强化学习中的应用；最后，用一个有趣的强化学习游戏，来手把手地带着用户实战强化学习。

本章主要涉及以下知识点。

- 强化学习简介：强化学习的定义、目标等基本概念。
- 强化学习的基本算法：基于值函数的算法和基于策略梯度的算法。
- 概率论与强化学习：从概率论的角度理解强化学习。
- 有趣的机器人游戏：实现一个机器人在冰湖上找宝藏的小游戏。

9.1　强化学习简介

在开始介绍强化学习之前，先看一下人类在幼儿时期学习的情形。当一个小孩牙牙学语、手舞足蹈时，父母指着一棵树说："这是一棵树"，这个过程对应了监督学习；小孩在看到的树越来越多时，发现很多灰色不动的事物很相似，可以一起归类为植物，并且没有人指导他，这个过程对应了无监督学习；还有很多时候，小孩并没有任何人来指导，而是通过自己的感官获取信息来和外界交互。例如，当他摸到烫的水壶时，因为感觉到疼本能地收手，下次再也不会去摸这个水壶，这个过程对应了强化学习。如图 9.1 所示，根据任务的不同机器学习可以分为监督学习、无监督学习和强化学习。而强化学习的本质是智能体与环境交互的过程。

那么强化学习是如何学习的呢？就以小孩摸到烫的水壶为例。在这个例子中，小孩是智能体（agent），水壶和其中的热水构成了环境（environment），当小孩摸到水壶时，改变了环境和智能体的状态（state），环境给予小孩反馈（reward），小孩根据反馈改变自己以后的行为（action），这就完成了整个强化学习的过程。

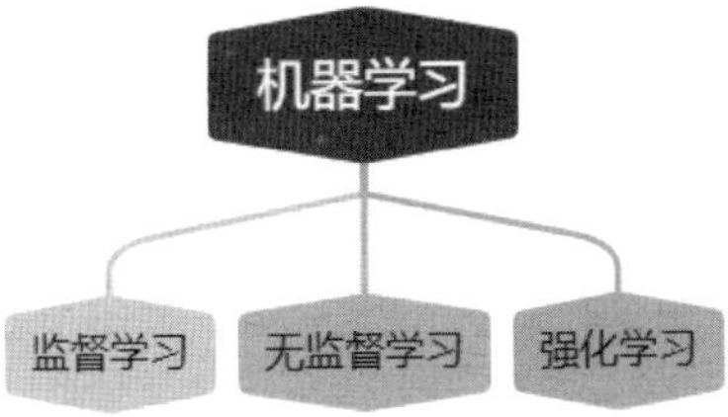

图 9.1　机器学习分类

9.1.1　强化学习的概念

作为机器学习的一个分支，强化学习常常被拿来和监督学习比较。先抛开两种方法内部结构的不同，单纯从学习目标的角度来看，这两种方法是相似或类似的。监督学习是指模型在已有的数据和标签对中，学到规律并对未来的新数据打上正确的标签；而强化学习是指智能体通过与环境的互动，学习到固定状态下的最优策略。从本质上来说，监督学习和强化学习都是学习一种映射关系。

如果深入思考，这两种方法有以下不同点。

- 监督学习的目的是明确的，无论是分类还是回归，最终输出的都是一个确定的值；而强化学习最终输出的是当前状态下最大奖励的动作，鉴于环境的复杂性，获取到最大奖励的可能不止一条路径。
- 监督学习没有时序的说法，只注重最终输入与输出的匹配程度；而强化学习是与环境交互的过程，并不是每个动作都能实时获取到奖励，并且前一个动作会影响到下一个动作的行为，因此强化学习更注重时序的过程。

强化学习并不要求每一步都能奖励最大化，这给了算法很大的自由度，提高了拓展空间，但是也增加了算法开发的难度。强化学习的主要组件是智能体和环境，环境是智能体生活、并与之交互的世界（如地球），如图 9.2 所示。整个交互的过程可以拆分为以下几步。

（1）智能体通过观察它所处的环境，总结出当前的状态。

（2）智能体采取下一步动作。

（3）环境的状态改变了。

（4）环境给予智能体或好或坏的奖励。

（5）智能体根据奖励，更新它所处的环境。

如此循环往复，智能体不断累计奖励，通过学习使最终的奖励最大化，也就完成了强化学习的整个训练过程。

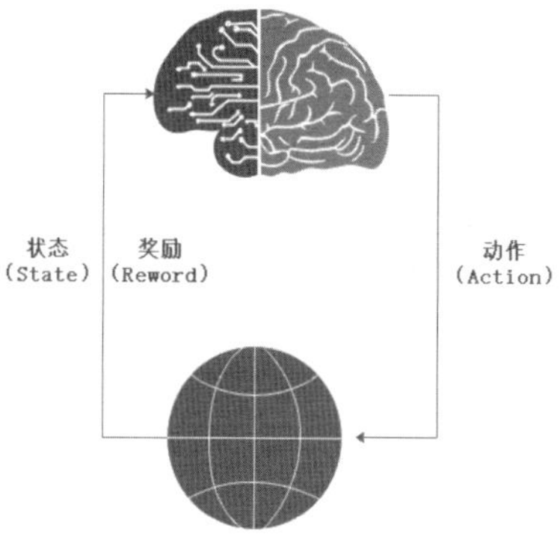

图 9.2　强化学习示意图

9.1.2　强化学习的基本要素

强化学习的目的是找一个最优的策略，从而获取到来自于环境的最大累计奖励。因此，强化学习主要由智能体、环境、动作、状态、状态转移概率、奖励和动作策略等关键要素组成。

1. 智能体

智能体是与环境交互的实体，可以理解成在环境中玩耍的小机器人。智能体在每个时刻都会观测周围的环境状态，并通过接收环境奖励的方式，执行动作和更新自身状态。如图 9.3 所示，智能体不仅可以通过自己与环境交互来获取奖励，还可以通过学习别的智能体来获取经验奖励。

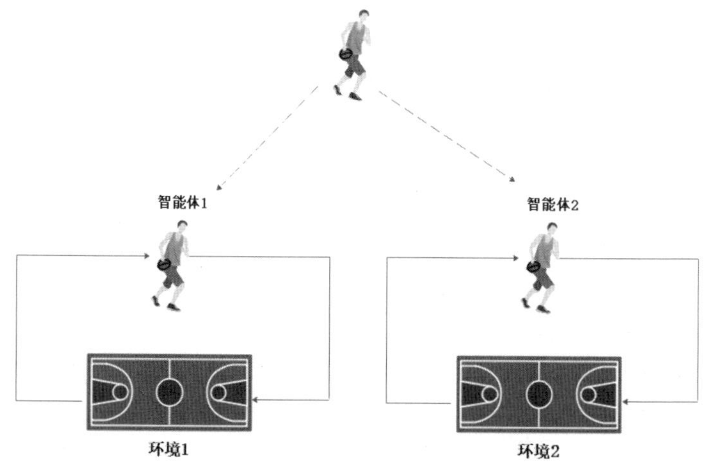

图 9.3　智能体通过学习别的智能体获取经验奖励

2. 环境

环境表示智能体所处的空间。环境中包含了很多模型，环境模型通过模拟环境的行为，推断智能体在做出某些动作后，环境状态如何改变以及如何给予智能体奖励。现在比较流行的虚拟环境有 Gym、Baseline、Mini World 和 Grid World，其中包含丰富的游戏环境，Gym 游戏环境如图 9.4 所示。除了模拟环境，强化学习也可以直接使用真实的环境。例如，MuJoCo（一个跨平的机器人建模软件）直接操纵机械臂远程控制机械狗在不同路面行走。

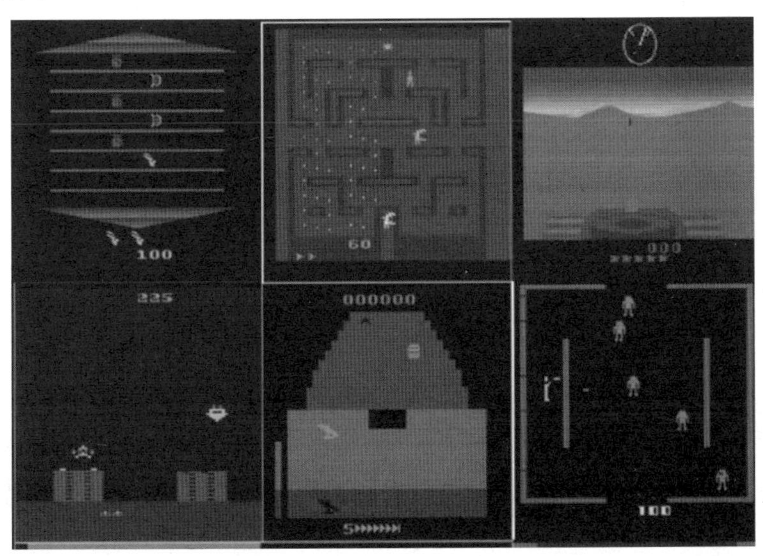

图 9.4　Gym 游戏环境

3. 动作

动作是指智能体对当前环境状态的输出和交互。为了方便计算和模拟，默认动作是离散的。在强化学习中，某一时刻的状态和动作往往是成对出现的。

4. 状态

状态可以分为环境状态和智能体状态。环境状态（Environment State）表示环境决定下一时刻的观测值和给予智能体的奖励；智能体状态（Agent State）表示智能体通过当前的状态决定下一时刻的动作。根据马尔可夫定理，下一时刻的状态与历史状态无关，只与前一个时刻的状态相关。同时状态有对应的状态价值函数和状态，状态价值函数表示对当前状态的评估；状态行为值函数表示这个状态下会产生什么样的结果以及对后续的影响。

5. 状态转移概率

状态转移概率（state transition probability）表示当状态为 S 时，如果智能体执行了动作 A，状态转移到 S' 时的概率。一般情况下，环境是复杂多变的，因此环境的状态转移是随机事件，可以用概率论对状态转移进行描述。

6. 奖励

奖励是智能体在与环境交互过程中的实时收益。通常情况下，智能体每走一步都会获取到对应的奖励，但是根据环境的不同，有时奖励会延迟到达；有时无法获取具体某一步的奖励，而用最终奖励代替；有时需要对每一步的奖励做权重化。获取的奖励的不同，会直接影响到算法能力，甚至会影响算法的收敛性。具体的算法细节将在 9.2 节介绍。

7. 策略

策略（policy）代表智能体在某一状态下动作的可能性，一般用 π 表示，即在 t 时刻、状态 s 下动作的条件概率，可用公式表示：

$$\pi(a \mid s) = P(a_t = a \mid s_t = s)$$

在 t 时刻，智能体通过观察确定下一步应该执行什么动作，因此策略是状态和动作的一种映射。既然策略的本质是一种条件概率，那么策略描述的往往是随机事件。

9.1.3 强化学习的发展历程

强化学习具有丰富而引人入胜的历史。早期的强化学习发展可以追溯到两个独立的线索：试错学习和控制系统。后来，随着动态规划的提出，这两个线索融合成了第三个关键概念——马尔可夫决策过程，奠定了现代强化学习的基础。

- 1948 年，Alan Turing 在报告中描述了“Pleasure-Pain”学习系统，这代表了试错学习的模拟心理学方法。试错学习模拟动物和不断尝试的犯错过程，并将最终目标与中间刺激联系起来，通过排除错误结果来实现目标。
- 1950 年，基于值函数和动态规划的控制算法被提出。控制算法的目标是在特定时间范围内减少不确定性，选择系统中的最佳策略，并基于值函数和最优回报函数构建贝尔曼方程，然后使用 Bellman 方程来寻找最优解。

- 1957 年，Richard Bellman 提出了动态规划，用于解决最优控制问题中的马尔可夫决策过程。随着时间的推移，研究人员将这两个看似不相关的技术线索融合在一起，形成了第三个关键概念——时间差分方法。时间差分方法的核心思想是结合当前奖励和未来潜在奖励来激发智能体，从而计算综合考虑的状态值。
- 1959 年，Arthur Samuel 首次提出时间差分方法，并在跳棋游戏中应用。随后，Richard Sutton 等研究人员将时间差分与试错学习相结合，创造了一种称为 Actor-Critic 的结构，该结构至今仍在一些最新的研究中使用。这三个技术线索的交织推动了强化学习算法的发展。
- 1992 年，强化学习迎来了新的里程碑。Christopher Watkins 提出了 Q-Learning 算法，首次将动态规划、时间差分和蒙特卡罗方法融合在一起。同年，Gerry Tesauro 开发了一个程序，该程序仅需少量知识就能使终端设备下西洋双陆棋的水平达到大师级。
- 1994 年，Rummery 提出了 Saras 算法。
- 1996 年，Dimitri Bersekas 提出了用于解决随机过程中优化控制问题的神经动态规划法。
- 2006 年，Csaba Szepesvári 和 Michael Hutter 提出了置信上限树算法。
- 2013 年，DeepMind 提出使用 Deep-Q-Network（DQN）算法来训练人工智能玩 Atari 游戏表现出色。
- 2014 年是强化学习的重要一年，DeepMind 发布了能够下围棋的 AI 程序 AlphaGo。
- 2015 年，AlphaGo 击败了欧洲围棋冠军樊麾，首次标志着人工智能击败职业围棋选手。
- 2016 年，AlphaGo 在 5 局比赛中以 4：1 的比分击败了世界排名最高的棋手之一李世石。
- 2017 年，AlphaGo 在未来围棋峰会上击败柯洁，后者为连续两年世界排名第一的棋手，同时 AlphaGo 的改进版 AlphaGo Zero 以 100：0 的比分击败 AlphaGo，证明了新版本在学习速度上的巨大提升。

如图 9.5 所示，强化学习经历了数个关键发展阶段。AlphaGo 令人瞩目的表现推动了各大科技公司纷纷投入强化学习领域。在 2021 年，Google 引入了 MT-OPT 和可操作模型 Actionable Models，用于解决机械臂离线训练时间过长的问题。Meta 发布了 SaLinA，旨在简化序贯决策流程的实施。IBM 发布了一个基于文本的游戏环境 TextWorld Commonse（TWC），以帮助强化学习引入常识因素。与此同时，自适应强化学习和增长性强化学习也持续崭露头角。

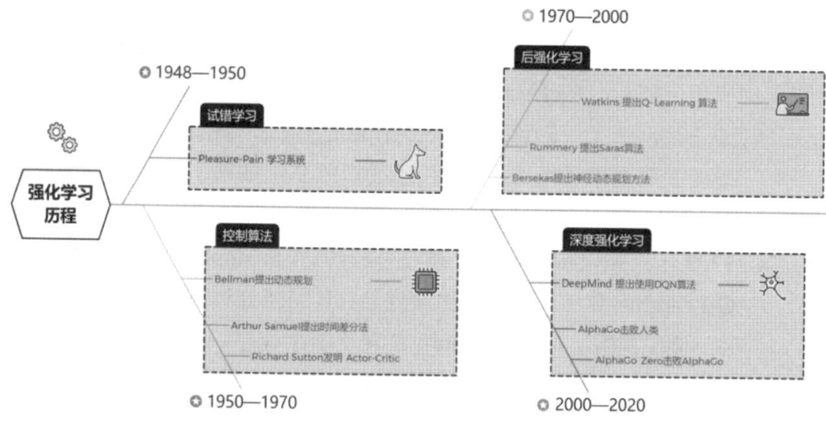

图 9.5　强化学习的发展历程

9.1.4　习题

判断下面内容的正确性，正确的打 √，错误的打 ×。

- 强化学习算法主要是智能体与环境的交互。　（　　）
- 智能体必须直接与环境交互才能获取奖励。　（　　）
- 强化学习的策略，本质上是一个条件概率。　（　　）
- 环境中状态的改变是一定的。　（　　）

9.2　强化学习的基本算法

强化学习有着相当长的历史，其思想的交叉融合令人着迷，产生的研究在行为科学、认知神经科学、机器学习、最优控制等方面引起了强烈反响。这个研究领域自 20 世纪 50 年代成立以来发展迅速，理论和概念得到充实，深度强化学习在游戏中的奇妙探索让研究人员对其适用性和局限性有了宝贵的认识。深度强化学习要达到预期的性能，在计算机算力上可能会很困难。目前使用正在探索新的方法（如多环境训练和利用语言建模）来提取高层次的特征以更有效地学习。鉴于强化学习在受限环境中效果最好，深度强化学习是否是迈向人工通用智能的一步，这个问题仍然是一个开放的问题。在未来，将看到强化学习将继续通过机器人技术、医学、商业和工业来促进现代社会发展。随着计算资源越来越多，强化学习的门槛将降低，这意味着研究将不限于巨无霸科技公司。强化学习有一个漫长而光明的未来，并且将继续成为人工智能的一个令人兴奋的研究领域。本节将简述强化学习的几类常见算法。

9.2.1 强化学习算法的分类

强化学习算法发展迅速，可以从多个维度来分类。

1. 无模型和基于模型

强化学习可以分为无模型（model free）和基于模型（model based）两类算法。这里的模型是指环境，也就是环境输入当前状态 S_0 和动作 A 到下一个状态 S_1 的状态转移概率 $P(S_1|(S_0,a))$。基于模型的强化学习算法，其本质是对环境的完美建模，但是当状态空间和动作空间维度增大时，建模的总体数据将呈指数级增长，这也就使基于模型变得不切实际。而无模型算法依靠试错来更新数据。现在可以这么理解：无模型是指智能体直接与环境交互；而基于模型算法是指智能体可以创建很多平行世界，然后在平行世界里模拟交互学习。这两类算法的代表都有 Q-Learning、SARSA 和 Policy Gradient。

2. 基于概率和基于价值

如图 9.6 所示，强化学习算法可分为基于策略（policy based）和基于价值（value based）两类算法。智能体在选择动作时，基于策略的强化学习算法认为每个动作的概率是随机的，不确定选择哪一个，就由概率论决定动作；而基于价值的强化学习算法则会选择一个具有最大价值的动作。由于要求对应动作的价值，因此如果是一系列连续的动作，基于价值的强化学习算法就不适用了，而基于策略的算法此时就派上用场了。

基于价值的算法有 Q-Learning、SARSA 和 DQN 系列等，这类算法样本利用率高，价值函数方差小，不会出现局部最优的问题，主要处理离散动作的问题。基于策略的算法有 TRPO 和 PPO 等，这类算法易于计算，稳定性和收敛性较好，可用于处理离散或连续动作。同时随着技术的发展，人们将这两种算法的优点结合，衍生出算法 A3C（asynchronous advantage actor critic）、DDPG、TD3 和 SAC 等，这类算法样本利用率高、训练快、价值函数方差小，也可用于处理离散或连续动作。

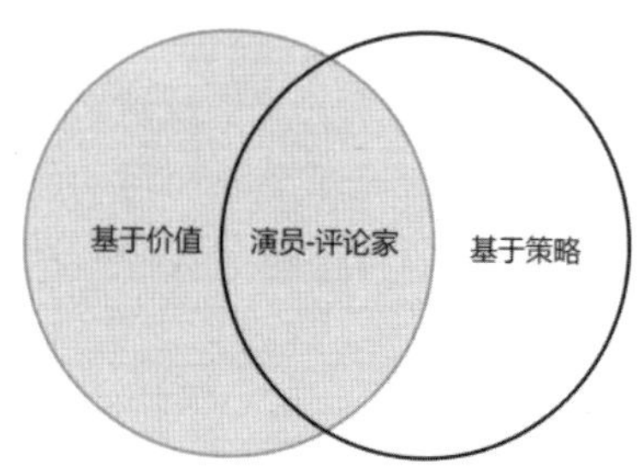

图 9.6　基于策略和基于价值的强化学习算法

3. 在线学习和离线学习

强化学习的在线学习（online learning）和离线学习（offline learning）算法的主要区别在于智能体是否与环境交互。

在线学习是指智能体本身与环境交互，以获取奖励。同时，在线学习又可基于是否采用当前策略收集的数据训练分为 On-policy 强化学习和 Off-policy 强化学习。在线学习算法主要有 PPO、SARSA、A3C 和 REINFORENCE 等。

离线学习是指在学习过程中，智能体不与环境交互，只是从数据中直接学习，并且数据是采用其他非近似最优策略收集的数据。离线学习算法主要有 DDPG、DQN 和 Q-Learning 等。

注意

强化学习还可以根据智能体的个数分为单智能体和多智能体，多智能体除了单智能体的一些特性之外，还有智能体之间的相互通信、协作和建模等操作。为了方便读者的理解，本章的算法都只是针对单个智能体。若读者对多智能体强化学习感兴趣，可查阅相关资料或联系本书作者。

9.2.2　Q-Learning

Q-Learning 的核心是建立 Q 表，见表 9.1。Q 表主要用来存储智能体在某一时刻处于某一状态 s 下，采取动作 a 能获取的奖励值的期望，即环境对智能体每个动作的奖励。

表 9.1　Q 表

状态	动作 a_1	动作 a_2
s_1	$Q(s_1,a_1)$	$Q(s_1,a_2)$
s_2	$Q(s_2,a_1)$	$Q(s_2,a_2)$
s_3	$Q(s_3,a_1)$	$Q(s_3,a_2)$
s_4	$Q(s_4,a_1)$	$Q(s_4,a_2)$

Q-Learning 的前提是整个强化学习的过程满足马尔可夫决策链。假设在每个状态下，智能体的策略为 $\pi(a|s)$，状态转移概率为 $P(s'|s, a)$，智能体获取到的奖励为 $R(s'|s, a)$，需要找到奖励最大的策略，即最大化奖励的期望。因此使用时间差分法离线学习，利用贝尔曼方程对马尔可夫方程求最优策略。Q 表的更新机制如下：

$$Q(s, a) \leftarrow Q(s, a) + \alpha[r + \gamma \max_{a'} Q(s', a') - Q(s, a)]$$

其中，α 为学习率；γ 为衰减系数。从式中可以看出，Q-Learning 是将在下一个状态 s' 中选取最大的 $Q(s', a')$ 乘以对应的衰减系数再加上奖励值作为一部分；现有 Q 表中的值 $Q(s, a)$ 作为另一部分。这两部分的差值乘以此时的学习率将作为 Q 表的更新部分，如此循环下去，直至取到 Q 表收敛，奖励最大。

9.2.3　SARSA

SARSA（state-action-reward-state-action），从名称就可以看出，不同于 Q-Leaning 算法，SARSA 是在线学习算法。虽然 SARSA 也是更新 Q 表，但是更新策略与 Q-Learning 不同。SARSA 也是通过目标值和当前值的差值再乘以学习率来更新 Q 表：

$$Q(s, a) \leftarrow Q(s, a) + \alpha[r + \gamma Q(s', a') - Q(s, a)]$$

从上式中可以看出，SARSA 的目标值求取方式与 Q-Learning 并不一致。当智能体在某一时刻选取动作 a 时，Q-Learning 会取所有基于下一动作的可能最大值 $\max_{a'} Q(s', a')$ 作为目标，而 SARSA 则直接取决于下一个动作的 $Q(s', a')$。因此，从公式中就可以判断出，智能体使用 SARSA 算法会相对谨慎一些，因为它将下一步的影响考虑进去；而 Q-Learning 算法则更直接一些，因为它选取动作时，优先考虑价值最大化。以上是 SARSA 算法和 Q-Learning 算法最大的不同。

9.2.4 DQN

DQN（deep-Q-network）算法是将 Q-Learning 算法和神经网络结合起来。当状态空间和动作空间数据比较少且是离散时，可以利用构建表格的方式来实现强化学习。但是很多情况下状态空间和动作空间是高维且连续的，这时无法直接建立 Q 表，只能通过近似的方法求解。DQN 仍然借鉴了 Q-Learning 的思想，只是采用值函数近似法来代替 Q 表，在某一时刻下状态 s 所对应的 $Q(s,a)$ 由神经网络输出。

如图 9.7 所示，在已有的状态-动作-奖励数据库（即经验回放）中分批（batch）随机抽取数据，然后构建两个结构相同但是参数不同的神经网络（fixed Q-target）。

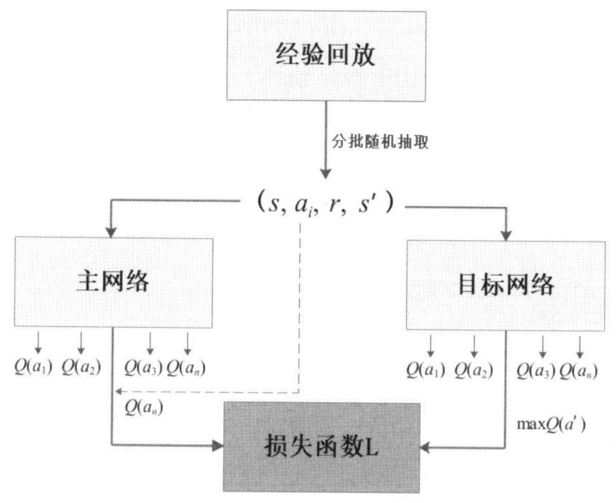

图 9.7 DQN 流程图

在更新目标网络的参数时，使用前一个 batch 的参数；而主网络使用的是最新的参数。两个网络进行比较时，损失函数可以定义为

$$\text{Loss Function} = E[(r+\gamma \max Q(a')-Q(a_n))^2]$$

由于 DQN 存在过高预估自己奖励的问题，所以后续出现了很多改进的算法，如 DDQN、Prioritized DDQN、Dueling DDQN、Noisy DQN、A3C 和综合体 Rainbow 算法。

9.2.5 policy gradient

policy gradient（策略梯度）是一种基于策略的算法，不同于以上基于价值的算法，Policy Gradient 不需要计算价值函数，而是通过随机策略直接输出动作。在前面的学习中已经知道，基于价值的强化学习算法主要是解决离散动作问题，而 Policy Gradient 既可以解决离散空间问题，也可以解决连续空间问题。

policy gradient 是通过神经网络来近似价值函数 $V_{\pi}(s)$ 和状态函数 $Q_{\pi}(s, a)$，但是并不是像传统的神经网络利用误差反向传播一样，Policy Gradient 通过观测信号选出一个行为直接进行误差反向传播，然后利用奖励对行为的概率加上权重。由于是无模型的环境，所以无法预知环境的分布，因此最终的集成奖励只能通过随机采用后取平均值来估计，然后将似然率方式的 Policy Gradient 算法应用到多步 MDPs 上，因此 Policy Gradient 中神经网络的参数 θ 可通过下面的式子更新：

$$\theta_{t+1} \leftarrow \theta + \alpha \nabla_{\theta} \log \pi_{\theta}(s_t, a_t) V_t$$

其中，v_t 是采用蒙特卡洛算法对 Policy Gradient 采样，表示对 $Q^{\pi\theta}(s_t, a_t)$ 的无偏估计。

9.2.6 actor-critic

actor-critic 结合了基于价值函数和基于策略的两类强化学习算法的优点。actor-critic 使用 critic 网络来学习环境和奖励直接的关系，能够像 Q-Learning 一样预测当前状态下的潜在奖励，而不用像 policy gradient 那样等待这个 Episode 结束才可以获取到奖励。同时 Actor-Critic 使用 Actor 网络指导智能体做出动作，使智能体在每个时刻都可以更新。因此，从本质上来说，Actor 网络是一个策略网络，Critic 是一个值网络。因此，actor-critic 结合了 policy gradient 和动态规划的优势。

首先看 critic 网络，每个策略 π 的价值函数可以参考 Q-Learning 求得，可以把每个动作和它们的平均值比较，得到优势函数：

$$A_{\pi}(s, a) = r + \gamma V_{\pi}(s') - V_{\pi}(s)$$

然后看 Actor 网络，其和 Policy Gradient 类似，只不过将更新参数 v_t 换成上面的优势函数，即

$$\theta_{t+1} \leftarrow \theta + \alpha \nabla_{\theta} \log \pi_{\theta}(s_t, a_t) A_{\pi\theta}(s, a)$$

在神经网络训练的过程中，A 可以看作是常数，因此对于 Actor 网络，其损失函数可以通过求和平均，然后通过期望求得：

$$L_\pi = -\frac{1}{n}\sum_{i=1}^{n} A_\pi(s, a)\log \pi(s, a)$$

对于 critic 网络，可以直接使用均方误差 MSE 作为损失函数：

$$L_\pi = \frac{1}{n}\sum_{i=1}^{n} \mathrm{e}_i^2$$

注意

后来在 Actor-Critic 的基础上衍生出了很多优先算法，如 A3C 和基于最大熵的 SAC，本小节将不展开叙述。有兴趣的读者可以查阅相关资料或联系本书作者。

9.2.7 习题

判断下面内容的正确性，正确的打 √，错误的打×。

- 任何一种强化学习算法，要么是基于价值的，要么是基于策略的。（　　）
- 神经网络的引入主要是为了解决强化学习收敛慢的问题。（　　）
- 基于策略的强化学习算法也需要预估值函数。（　　）
- A3C 是基于价值和基于策略两类强化学习算法的结合体。（　　）

9.3 概率论与强化学习

从前面的章节已经了解到：强化学习的基础是马尔可夫决策过程；优化算法时通常需要贝尔曼函数；强化学习的核心是控制论，而控制论的基础是贝叶斯理论；无论计算策略还是价值函数，都是通过随机变量的期望来近似的，等等。所有这些都是本书前面所讲的概率论的知识，由此可见强化学习和概率论密不可分。

现在从概率论的角度来重新审视强化学习的过程。首先，对于马尔可夫决策过程，未来的状态 s_{t+1} 与当前的状态 s_t 和动作 a_t 有关，与历史状态无关。因此，对于强化学习的奖励，需要找到一个最优策略，即状态转移概率 $P(a_t \mid s_t, \theta)$，其中 θ 表示当前的状态 s_t 的网络参数。而最终输出的最优策略，是智能体的一系列动作上的期望最大值，即

$$\theta' = \arg\max_{\theta} \sum_{t=1}^{T} E(s_t, a_t) \sim P(s_t, a_t \mid \theta)[r(s_t, a_t)]$$

最终最优策略的路径，实际上是基于贝叶斯理论的所有轨迹概率的乘积，即

$$\begin{aligned} P &= P(s_1, a_1, s_2, a_2, \cdots, s_t, a_t \mid \theta) \\ &= P(s_1)\prod_{t=1}^{t=T} P(a_t \mid s_t, \theta)P(s_{t+1} \mid a_t, s_t) \end{aligned}$$

由此可见，强化学习是一项综合了概率论、统计学和计算机理论的多领域交叉学科。

9.4　有趣的机器人游戏

强化学习有几种比较流行的模拟环境，如 Mini World、Grid World、Gym 等。本节将利用最流行的 Gym 库，从环境搭建到算法架构实现，再到网络训练，带着读者完整地玩一个机器人在冰湖上找宝藏的小游戏。

9.4.1　环境搭建

作为人工智能中最流行的语言，Python 在开发的过程中通常需要各种环境库。为了方便来回切换，可以选择 Anaconda 来管理环境库。下面介绍如何在 Windows 系统中搭建环境和准备数据。

1. 在 Windows 中安装 Anaconda

读者可以到 Anaconda 的官网下载 Windows 版本的 Anaconda，其下载界面如图 9.8 所示。

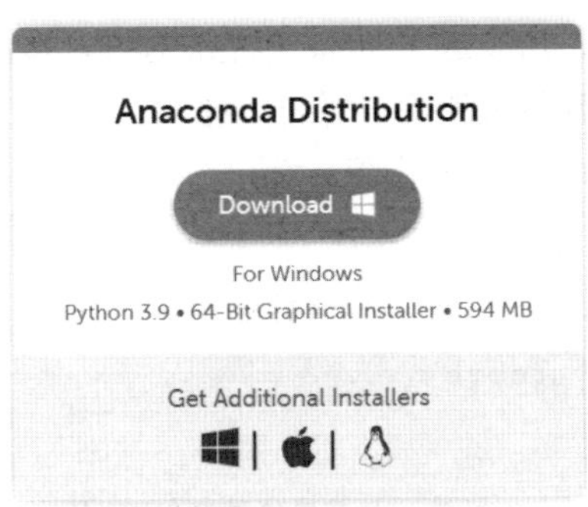

图 9.8　Anaconda 下载界面

安装 Anaconda 时可以自行选择安装路径。在安装过程中，系统会询问是否需要将 Anaconda 加到系统环境变量中，以及是否使用最新版本的 Python。读者可以根据自己的需求选择，建议都选上，因为即使在安装过程中不将 Anaconda 添加到环境变量中，安装完成后也需要手动将其添加到环境变量中。其安装界面如图 9.9 所示。

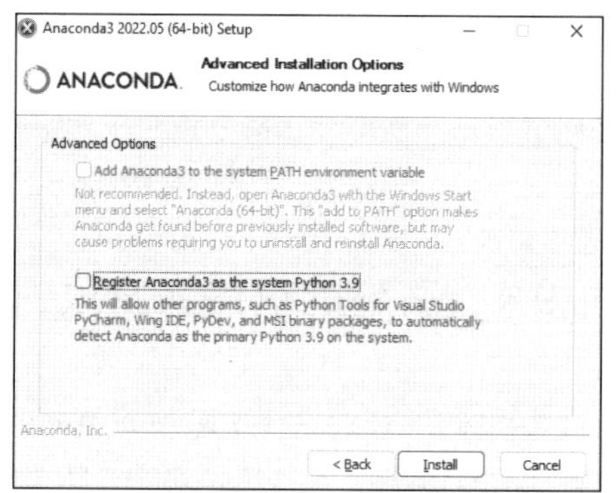

图 9.9　Anaconda 安装界面

Anaconda 安装完成后，可以到“开始”菜单的 Anaconda 文件夹下，打开 Anaconda Prompt，并在命令行中输入以下命令：

- python：可以直接编译 Python 代码。
- exit()：关闭在线编译 Python 代码。
- jupyter notebook：打开 notebook，体验交互式编程，网址为 http://localhost:8888/tree。

到这里 Anaconda 就安装成功了。

2. Anaconda 环境配置

Anaconda 的核心功能是 Python 包的管理和环境的配置，因此可以用 conda 命令来创建、激活或删除需要的环境。

可以通过以下命令来创建虚拟环境：

```
conda create -n gymrobot
```

虚拟环境创建后，可以直接激活并使用这个环境：

```
conda activate gymrobot
```

说明

若读者想删除某个 conda 环境，只需要使用命令 conda remove -n your_env_name –all；若想删除环境中的某个 Python 包，可以使用命令 conda remove --name $your_env_ name $package_name。

3. Gym 安装

将 Gym 文件夹克隆到本地：

```
git clone https://github.com/openai/gym.git
```

进入 Gym 文件夹：

```
cd gym
```

安装 Gym 及其依赖包：

```
pip install -e '.[all]'
```

安装完成后，可以通过下面的代码来验证是否安装成功。

代码 9.1　验证 Gym 安装：Test_Gym_Setup.py

```
import gym
env = gym.make('CartPole-v1', new_step_api=True)
env.reset()
env.render()
```

若程序完整运行，没有报错且显示如图 9.10 所示的界面，则表示 Gym 安装成功了。

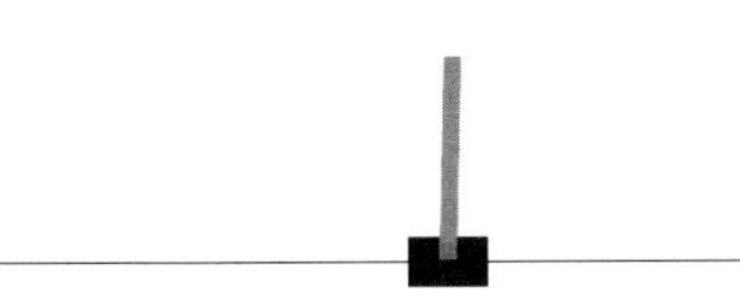

图 9.10　Gym 验证安装成功

9.4.2　架构分析

环境搭建完成后，现在开始玩机器人在冰湖上找宝藏的游戏。由于强化学习是智能体与环境的互动，因此本小节将分别介绍环境参数和使用的强化学习算法。

1. 环境参数

首先确认游戏的环境空间。如图 9.11 所示，湖面是一个 8×8 的网格，有的单元格子是冰面，可以行走；有的单元格是水坑，不能行走。机器人从左上方开始出发，通过强化学习，看是否能找到右下方的宝藏。

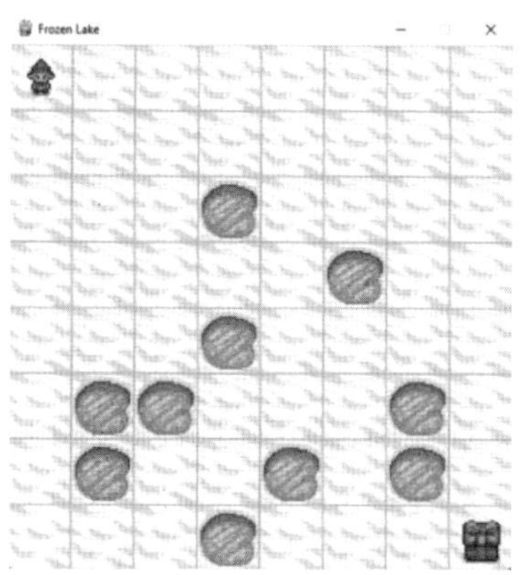

图 9.11　冰湖游戏开始界面

设置环境的奖励 Reward：

- 若机器人到达终点，则 Reward+1；
- 若机器人掉到水坑里，则 Reward=0。

同时，为了增加难度，设置机器人每次行走时有可能是在冰面上滑行，也就是机器人朝一个方向有可能一次不只走一个单元格。

环境变量和超参的设置可以通过 Python 代码实现。示例代码如下。

代码 9.2　冰湖环境空间：Frozen_Lake_Environment.py

```
import gym

EPOCH = 300
ITERATUIN_TIME = 100000
THRESHOLD = 1e-10

my_env = gym.make('FrozenLake-v1', desc=None,map_name="8x8",
is_slippery=True)
print(f"环境空间中所有单元格的数目：{my_env.observation_space.n}")
```

输出结果为：

```
环境空间中所有单元格的数目：64
```

同时也需要确认智能体的动作空间。从 Gym 的 Frozen Lake 库中的源代码得知，智能体可以有上、下、左、右移动四种动作，并且每次有一定概率向前多滑行一个单元格。整个动作空间可以定义为几个离散的值：

- 0：智能体向左移动。
- 1：智能体向下移动。
- 2：智能体向右移动。
- 3：智能体向上移动。

打印出动作空间中所有动作的数目的具体代码如下。

代码 9.3　冰湖动作空间：Frozen_Lake_Actions.py

```
import gym

my_env = gym.make('FrozenLake-v1', desc=None,map_name="8x8",
is_slippery=True)
print(f"动作空间中所有动作的数目：{my_env.action_space.n}")
```

输出结果为：

```
动作空间中所有动作的数目：4
```

2．基于策略和基于价值函数的强化学习算法

由于冰湖问题的动作空间和环境空间都是离散值，因此既可以用基于值函数的强化学习算法，又可以用基于策略的强化学习算法。基于贝尔曼公式：

$$v^{\pi}(s)=E_{\pi}[R_{t+1}+\gamma v^{\pi}(s_{t+1})\mid s_t]$$

$$q^{\pi}(s,\ a)=E_{\pi}[R_{t+1}+\gamma q^{\pi}(s_{t+1},\ A_{t+1})\mid s_t,\ A_t]$$

对于马尔可夫链，当前时刻的 q 函数和未来时刻的 q 函数，以及当前时刻的值函数和未来时刻的值函数都存在关联。因此，神经网络在训练过程中，反向传播的优化函数为

$$v(s)=\max_{a\in A}[R(s,\ a)+\gamma\sum_{s'\in S}P(s'\mid s,\ a)v(s')]$$

9.4.3　具体实现

下面介绍基于策略的 Policy Gradient 和基于价值的 Q-Learning 两个算法来实现机器人在冰湖上寻找宝藏的过程。

1．基于策略的强化学习算法实现——Policy Gradient

基于策略的强化学习算法先初始化一个策略，机器人根据策略执行操作，评估该策略的价值，然后根据价值优化策略，再执行，如此循环，反复优化迭代过程，直到找到最优策略。因此将代码拆分为三部分。

（1）策略评估的函数。具体的 Python 代码如下。

代码 9.4 评估策略函数：Evaluate_Policy.py

```
import gym
#评估策略的价值
def evaluate_policy(env, policy, gamma=GAMMA, n=100, render=
False):
    scores = []
    for _ in range(n):
        #重置环境
        obs = env.reset()
        #计算最终奖励
        total_reward = 0
        #记录步数
        step = 0
        while True:
            if render:
                env.render()
            #如果想看环境渲染，就将 render 设置为 True，render 默认为 False
            obs, reward, done, _ = env.step(int(policy[obs]))
            total_reward += (gamma ** step * reward)
            step += 1
            if done:
                break
        scores.append([total_reward, step])
    return np.mean(scores)
```

（2）策略优化函数。具体的 Python 代码如下。

代码 9.5 策略优化函数：Improve_Policy.py

```
import gym
#优化策略
def improve_policy(v, gamma=GAMMA):
    policy = np.zeros(NS)
    #对环境的每一个状态迭代
    for s in range(NS):
        q_sa = np.zeros(NA)
        for a in range(NA):
            #每一步更新策略
            q_sa[a] = sum([p * (r + gamma * v[s_]) for p, s_, r,
_ in env.P[s][a]])
        #使用贪心算法，取每次价值最大的策略
        policy[s] = np.argmax(q_sa)
    return policy
```

（3）完整的训练过程。具体的 Python 代码如下。

代码 9.6　完整的训练过程：Policy_Gradient.py

```
import gym
import numpy as np
import gym

RENDER = True
GAMMA = 0.9
EPOCH = 300
ITERATUIN_TIME = 100000
THRESHOLD = 1e-10

#迭代策略
def policy_iteration(env):
    #随机初始化一个策略
    policy = np.random.choice(NA, size=(NS))
    for i in range(ITERATUIN_TIME):
        old_policy_v = np.zeros(NS)
        while True:
            prev_v = np.copy(old_policy_v)
            for s in range(NS):
                policy_a = policy[s]
                old_policy_v[s] = sum([p * (r + GAMMA * prev_v[s_])
for p, s_, r, _ in env.env.P[s][policy_a]])
            #如果两次价值差值小于阈值，那么表示收敛
            if  (np.sum((np.fabs(prev_v  -  old_policy_v)))  <=
THRESHOLD):
                break
        #评估策略的价值
        new_policy = improve_policy(old_policy_v, GAMMA)
        #使用贪心算法改进策略
        if (np.all(policy == new_policy)):
            #如果没有更好的策略产生，则表示当前为最优策略
            print(f'Policy Gradient 在尝试了{i+1}次后，找到最优策略')
            break
        #如果没有找到最优策略，则用新策略代替原来的策略
        policy = new_policy
    return policy

if __name__ == '__main__':
    env = gym.make('FrozenLake-v1', desc=None, map_name="8×8",
is_slippery=True)
```

```
    NS = env.observation_space.n
    NA = env.action_space.n
    optimal_policy = policy_iteration(env)
    scores = evaluate_policy(env, optimal_policy)
    final_policy = []
    for i in optimal_policy:
        if int(i) == 0:
            final_policy.append("向左")
        elif int(i) == 1:
            final_policy.append("向下")
        elif int(i) == 2:
            final_policy.append("向右")
        elif int(i) == 3:
            final_policy.append("向上")
    print(f'最终机器人的行走路线为{final_policy}')
```

输出结果为：

```
Policy Gradient 在尝试了 10 次后，找到最优策略。
最终机器人的行走路线为['向上', '向右', '向右', '向右', '向右', '向右', '向右', '向右', '向上', '向上', '向上', '向上', '向右', '向右', '向右', '向下', '向上', '向上', '向左', '向左', '向右', '向上', '向右', '向下', '向上', '向上', '向上', '向下', '向左', '向左', '向右', '向下', '向上', '向上', '向左', '向左', '向右', '向下', '向上', '向右', '向左', '向左', '向左', '向下', '向上', '向左', '向左', '向右', '向左', '向左', '向下', '向左', '向左', '向左', '向左', '向右', '向左', '向下', '向左', '向左', '向下', '向下', '向下', '向左']
```

通过动画可以看到机器人的行走过程，如图 9.12 所示。

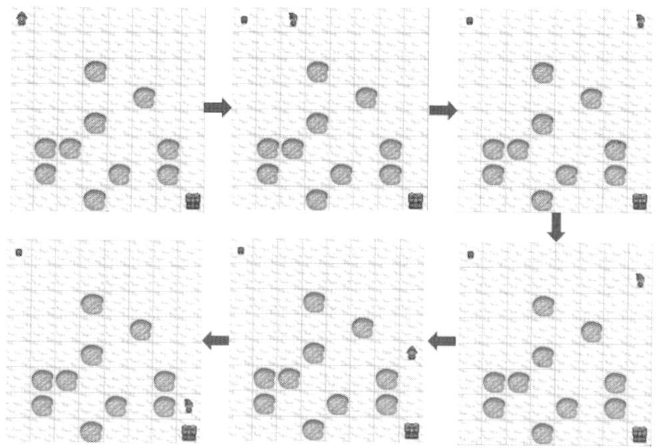

图 9.12　基于 Policy Gradient 算法实现的机器人的行走路线

2. 基于价值的强化学习算法实现——Q-Learning

因为已经建立了 Q 表，因此 Q-Learning 并不需要像 Policy Gradient 那样分为两步，它只需基于贝尔曼函数不断更新 Q 表，最终找到最优策略。

（1）根据价值函数提取策略，具体的 Python 代码如下。

代码 9.7 提取策略函数：Extract_Policy.py

```
import gym
#根据价值函数提取策略
def extract_policy(v):
    #初始化策略
    policy = np.zeros(NS)
    for s in range(NS):
        q_sa = np.zeros(env.action_space.n)
        for a in range(env.action_space.n):
            for next_sr in env.env.P[s][a]:
                #下一步包含状态转换概率、状态和奖励
                p, s_, r, _ = next_sr
                q_sa[a] += (p * (r + GAMMA * v[s_]))
        #用贪心算法求最大值
        policy[s] = np.argmax(q_sa)
    return policy
```

（2）完整训练过程。具体的 Python 代码如下。

代码 9.8 完整的训练过程：Q-Learning.py

```
import gym
import numpy as np

RENDER = True
GAMMA = 0.9
EPOCH = 300
ITERATUIN_TIME = 100000
THRESHOLD = 1e-10

#基于价值函数迭代
def value_iteration(env):
    #初始化价值函数
    v = np.zeros(NS)
    for i in range(ITERATUIN_TIME):
        #复制价值函数
        prev_v = np.copy(v)
        #初始化Q表
        q_sa = np.zeros(NA)
```

```
        for s in range(NS):
            for a in range(NA):
                #Q 表更新
                q_sa[a] = sum([p * (r + GAMMA * prev_v[s_]) for
p, s_, r, _ in env.env.P[s][a]])
            #价值函数取 Q 表中的最大值
            v[s] = max(q_sa)
        #如果两次价值差值小于阈值，则表示收敛
        if (np.sum(np.fabs(prev_v - v)) <= THRESHOLD):
            print(f'Q-Learning 在尝试了{i+1}次后，找到最优策略')
            break
    return v

if __name__ == '__main__':
    env =  gym.make('FrozenLake-v1', desc=None, map_name="8×8",
is_slippery=True)
    NS = env.observation_space.n
    NA = env.action_space.n
    optimal_v = value_iteration(env)
    optimal_policy = extract_policy(optimal_v)
    final_policy = []
    for i in optimal_policy:
        if int(i) == 0:
            final_policy.append("向左")
        elif int(i) == 1:
            final_policy.append("向下")
        elif int(i) == 2:
            final_policy.append("向右")
        elif int(i) == 3:
            final_policy.append("向上")
    print(f'最终机器人的行走路线为{final_policy}')
```

输出结果为：

```
Q-Learning 在尝试了 181 次后，找到最优策略
最终机器人的行走路线为['向上', '向右', '向右', '向右', '向右', '向右
', '向右', '向右', '向上', '向上', '向上', '向上', '向右', '向右',
'向右', '向下', '向上', '向上', '向左', '向左', '向右', '向上', '
向右', '向下', '向上', '向上', '向上', '向下', '向左', '向左', '
向右', '向下', '向上', '向上', '向左', '向左', '向右', '向下', '
向上', '向右', '向左', '向左', '向左', '向下', '向上', '向左', '
向左', '向右', '向左', '向左', '向下', '向左', '向左', '向左', '
向左', '向右', '向左', '向下', '向左', '向左', '向下', '向下', '
向下', '向左']
```

通过动画可以看到机器人的行走过程，如图 9.13 所示。

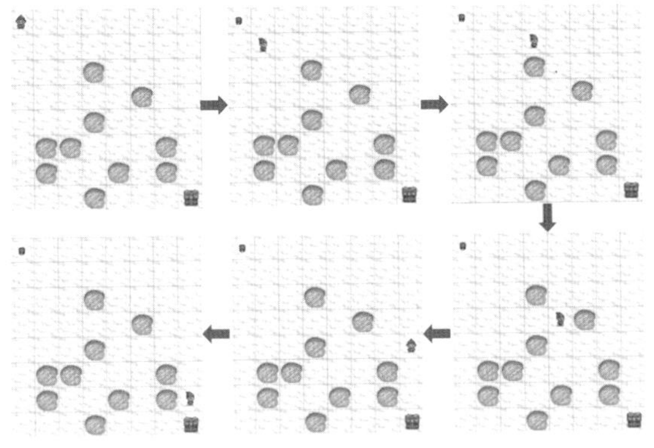

图 9.13　基于 Q-Learning 算法实现的机器人的行走路线

说明

由于 Q-Learning 算法追求的是价值最大化，因此会比 Policy Gradient 算法更大胆一些，也就更容易掉到水坑里，因此需要的迭代次数比 Policy Gradient 算法更多。

9.4.4　习题

设计一个算法，让 Gym 库中 CartPole 游戏里的竿子立起来。环境配置的 Python 代码如下。

代码 9.9　CartPole 游戏：CartPole_Game.py

```
import gym
env = gym.make('CartPole-v1', new_step_api=True)
```

9.5　温故而知新

学完本章后，读者需要回答以下问题：

- 什么是强化学习？
- 强化学习、监督学习和无监督学习的不同点是什么？
- 强化学习可以从几个维度分类？
- 请列举出几种常见的基于价值的强化学习算法。
- 请列举出几种常见的基于策略的强化学习算法。
- 基于策略和基于价值的强化学习算法是严格区分的吗？
- Q-Learning 和 Policy Gradient 算法的最大不同是什么？
- 描述 Actor-Critic 算法的原理。

第 10 章　实战：GAN

第 9 章介绍了强化学习的理论知识，并实现了一个机器人在冰湖上找宝藏的小游戏。本章将学习被誉为 10 年来深度学习中最酷技术之一的 GNN（generative adversarial network，生成对抗网络）。首先介绍 GAN 的整体框架和基本概念；然后简述 GAN 的常用算法；之后逐层深入，讲述概率论在 GAN 中的应用；最后用一个有趣的图片风格转换的小游戏，来实战强化学习。

正如强化学习一样，本章的目的是通过介绍机器学习中前沿且有趣的算法，进一步理解概率论和机器学习的关系。当然，如果能够进一步激发读者对概率论和机器学习的兴趣，就再好不过了。

本章主要涉及以下知识点。

- GAN 简介：GAN 的定义、目标等基本概念。
- GAN 的基本算法：DCGAN、DG-GAN 和常见的 GAN 算法。
- 概率论与 GAN：从概率论的角度理解 GAN。
- 图片风格转换：实现一个图片风格转换的小游戏。

10.1　GAN 简介

在机器学习的三大类算法中，监督学习是根据已有标签的数据来学习规律，并根据学到的规律对新数据进行预测；无监督学习是让模型在没有标签的情况下，直接总结数据的特征，然后根据这些特征将数据降维和分类；强化学习是让智能体与环境交互，智能体根据环境返回的奖励来决定自身的行为。

GAN 是一种区别于以上三种算法的架构。它使用了两个神经网络模型：生成网络和判别网络，让其中一个对抗另一个（因此称为“对抗性”），以生成新的、可替代真实数据的数据实例。如图 10.1 所示，对监督学习而言，算法的输入是猫和狗的图片，而输出是“猫”或“狗”这两个标签；但是对 GAN 而言，输入是随机数，输出则是一个以假乱真的猫的图片。当然，随着技术的发展，GAN 的能力并不只是局限于生成图片，其技术还广泛应用到视频生成和语音生成等领域。

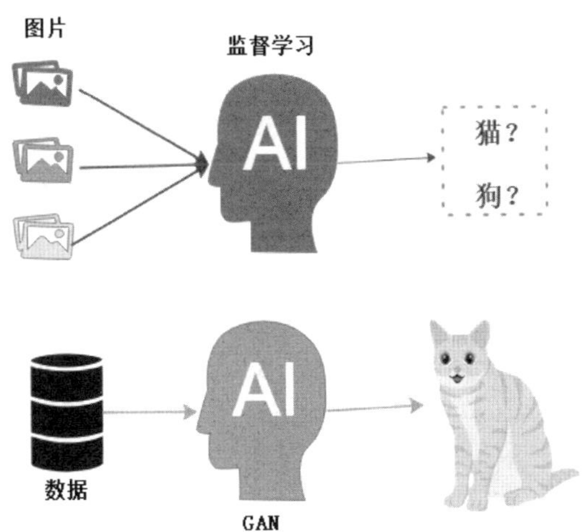

图 10.1　GAN 与监督学习的区别

注意

由于 GAN 可以生成任何数据分布，因此它的应用领域广泛且潜力巨大。GAN 可以在任何领域创造出和现实世界极其相似的世界，包括但不限于图像、音乐、语音、诗歌、视频等。从某种意义上来说，GAN 已经接近人类创作者。但是如何合理地运用 GAN 这一强大的工具，牵涉到人工智能伦理的范畴，本书将不做赘述。

10.1.1　GAN 的概念

GAN 有两个相互竞争的神经网络模型：生成网络和判别网络。生成网络的作用是将噪声作为输入并生成样本，而判别网络是接收来自生成器和原始训练数据的样本，并且必须能够区分数据来自哪一个来源。在每个循环过程中，生成器学习产生更多更真实的样本，而判别器则学习如何更好地区分生成的数据和真实数据。这两个网络是同时训练的，并且通过竞争的方式更新两个网络的参数，最终促使生成的样本与真实数据无法区分。

在熟悉了 GAN 的概念后，会很自然地想到前面介绍的一种强化学习算法 Actor-Critic。从整体架构上来看，GAN 和 Actor-Critic 之间有很多相似性。

- 在 GAN 中，生成器学习生成与原始分布相类似的数据；而判别器则学习区分生成的数据和原始的模型，也就是评估生成器的能力。
- 在 Actor-Critic 中，Actor 通过改变动作来找到最优的策略，而 Critic 用于评估这个策略的好坏。

这两种算法都包含两个互相对立的神经网络，然后互相对抗，轮流训练，在循环的过程中最终达到一种平衡。虽然这两个算法的整体架构类似，但是仍然有很多不同。

- 最终目的不同：Actor-Critic 属于强化学习，最终目的是找到最优策略获取到最大的奖励；而 GAN 是产生与真实数据最相似的数据，实现以假乱真的目的。
- 训练过程不同：在 GAN 中，生成器的唯一监督来自判别器，判别器为生成器提供有关生成的数据好坏的信号，如果去掉判别器，生成器根本就无法被训练；而在 Actor-Critic 中，Critic 改善了对 Actor 的监督，Actor 可以在没有 Critic 的情况下进行训练。Actor 只需找到合适的价值评估方式，就能很好地训练，Critic 只是对评估起到更好的促进作用。

说明

Actor-Critic 解决的是一个双层优化问题，GAN 解决的是极大极小优化问题，本质上是 Actor-Critic 的特例，所以很多人将 GAN 归为特殊的 Actor-Critic 算法。同时 Actor-Critic 和 GAN 的很多训练经验和理论是相辅相成同时发展的。

10.1.2 GAN 的整体结构

GAN 由生成器和判别器两个网络结构组成，如图 10.2 所示。这两个网络结构相互“对立”，最终达到平衡，从而完成 GAN 架构的训练。

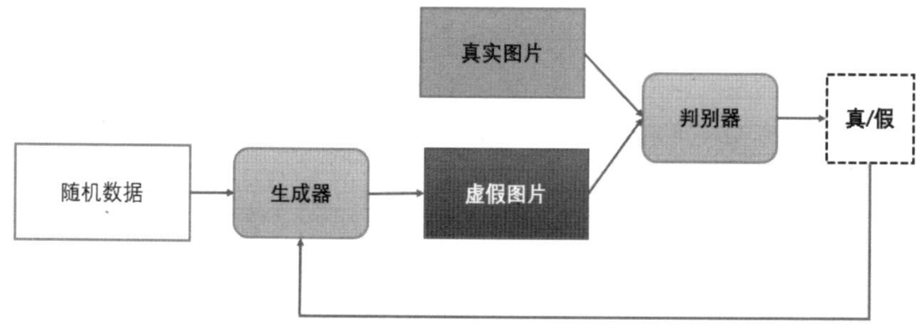

图 10.2 GAN 的整体架构

图像经过卷积层的处理后，会从一张图变成多张图，这主要是因为卷积核通常是多个相同大小但内部数据不同的正方形块。通过卷积运算，可以得到多个特征图层，这些特征图层可以被看作是图像的不同“厚度”或“深度”表示。

在介绍 GAN 的结构之前，先简要概述卷积神经网络。如图 10.3 所示，不同于全连接神经网络，卷积神经网络主要通过卷积层和池化层来提取特征。卷积层利用多个大小相同的滤波器在原始图像上进行平移操作，以捕获图像中的特征。池化层对卷积层的输出进行均匀划分和下采样，从而减少网络的参数数量。通常，为了完成整个网络的训练，卷积神经网络的后半部分通常包括激活层和全连接层，这与全连接神经网络的结构类似。

说明

经过卷积层处理后，图像的维度通常会发生变化，这是因为卷积核通常是相同大小但包含不同内部权重的正方形块。这个操作会生成多个特征图层，也被称为特征图的“深度”。

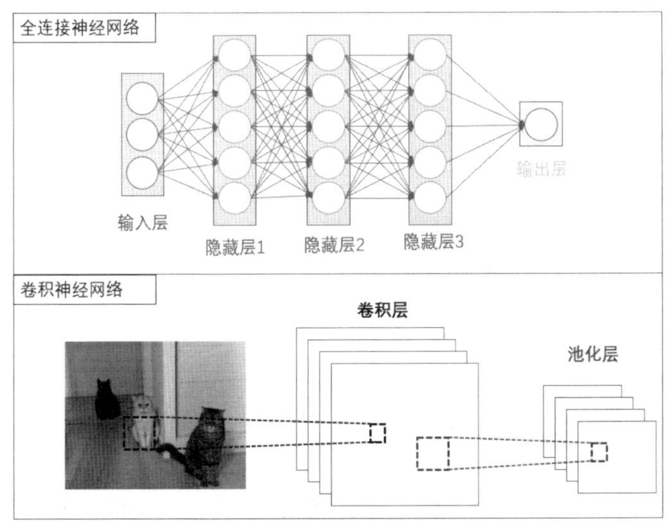

图 10.3 全连接神经网络和卷积神经网络

下面介绍 GAN 的整体结构。

1. 生成器

生成器的思想是输入一个向量，通过卷积神经网络后，输出一个高维向量，这个高维向量可以是图片、视频或语音。其结构如图 10.4 所示。由于需要和判别器进行对抗，因此生成器的目的是使创建的图片越逼真越好，以至于最终能够骗过判别器。对于生成器而言，需要最小化下面的损失函数：

$$E_x[\log(D(x))]+E_z[\log(1-D(G(z)))]$$

其中，$D(x)$ 表示判别器对图片是不是真实数据的概率判断，当 $D(x)=1$ 时，判别器认为这是一张真实图片；x 表示真实图片；z 表示生成器的输入信号；$G(z)$ 表示生成器的输出信号。由于 log 函数是单调递增的，而生成器不能影响 $E_x[\log(D(x))]$，为了骗过判别器，必然希望 $D(G(z))$ 越大越好，所以生成器要最小化上面的损失函数。

图 10.4　GAN 中生成器的结构

2．判别器

判别器是与生成器“作对”的。其结构如图 10.5 所示。判别器希望能够有一双火眼金睛，来分辨出哪张图片是真实的，哪张图片是生成器“作假”蒙混过关的。

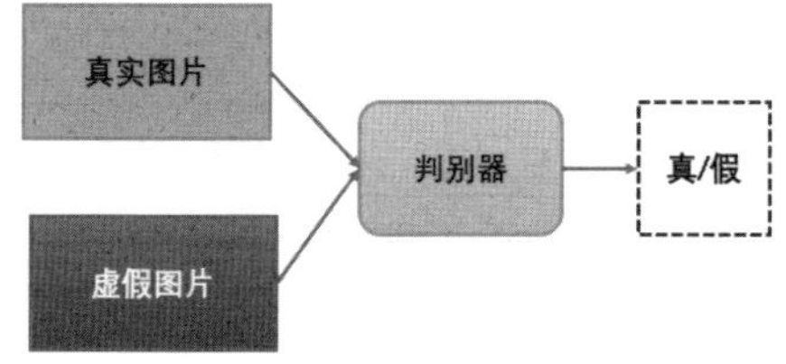

图 10.5　GAN 中判别器的结构

虽然判别器使用的是和生成器一样的损失函数，但出于不同目的，对于判别器而言，损失函数越大越好。因此综合两个基准，引入了 GAN 的最终损失函数：

$$\min_G \max_D V(D, G) = E_{x\sim p_{\text{data}}(x)}[\log(D(x))] + E_{z\sim p_z(z)}[\log(1-D(G(z)))]$$

生成器 D 的识别能力越强，$D(x)$ 就越大，$D(G(z))$ 对应的值就越小。由于 log 函数是单调递增的，因此对于判别器而言，需要最大化 $V(D,G)$。

通常训练 GAN 分为两个交替循环的步骤：

（1）先将真实数据和生成器生成的数据输入判别器，训练判别器，使真实数据的标签为真，生成数据的标签为假。

（2）固定判别器，训练生成器，将生成的新数据输入到固定的判别器中，得到的标签为真。

当最终判别器无法判断数据是来自现实世界还是生成器时，训练结束。这时可以抛弃判别器，直接用生成器预测。

10.1.3 GAN 的发展历程

GAN 的创造性，使其在很多领域都有长足的发展，如图片生成、音乐创作、视频生成、相片修复、图片风格转换等。本节将简述 GAN 的发展历程。

GAN 的诞生很具艺术性。2014 年，Ian Goodfellow 和蒙特利尔大学的朋友在酒吧喝酒，相谈盛欢间，首次提出生成 GAN。在提到 GAN 时，Facebook 的人工智能研究总监 Yann LeCun 称赞其是“过去 10 年中 ML 领域最有趣的想法”。虽然 GAN 在提出时备受关注，并且优化公式和训练框架都非常天马行空，但是同时也伴随着很多缺陷。为了解决因 JS 散度为常数而导致的梯度消失问题，Goodfellow 将损失函数改为

$$\min_G \max_D V(D,G) = E_{x\sim p_{\text{data}}(x)}[\log(D(x))] + E_{z\sim p_z(z)}[-\log(D(G(z)))]$$

这一优化虽然加速了梯度，但是引来了模式坍塌的问题。2017 年，Arjovsky M 提出了 WGAN，使用 Wasserstein 距离、分布距离度量方式来优化。同年，提出利用折页损失来计算损失函数 Geometric GAN。随后在 2018 年，基于 Geometric GAN，又衍生出了流行的 SAGAN 和 BigGAN。

同时，生成器和判别器的网络结构对 GAN 的影响也至关重要的。随着深度卷积神经网络的盛行，2015 年，DCGAN 问世，它首次将卷积神经网络和 GAN 结合。随后涌现出一系列自编码结构的 GAN，如 2015 年的 VAE-GAN 和 2016 年的 ALI。除了本身结构的变化，2017 年，Stacked GAN 通过堆叠多个生成器和判别器来构造层级化结构。2018 年，KARRAS T 提出通过不断加深生成器和判别器的网络深度，来提高 GAN 的性能，即 Progressive GAN，该结构可以生成 1024×1024 的高清人脸图像。2019 年，StyleGAN 被称为 GAN 2.0，摒弃了第一层接受 Z 的结构，而是在生成器各层都注入，并在全连接层解耦。除了以上发展方向，还有很多关于训练过程的研究值得关注。例如，基于特征匹配、谱归一化等技术来稳定训练。

值得提出的是，图像转换一直是 GAN 的主战场，可以用于风格迁移、变脸、去雾、图形增强等。GAN 经典的算法有 Pix2Pix、CycleGAN、UNIT、MUNIT、StarGAN 和 SPADE 等。虽然 GAN 从提出至今不到十年，但是其发展速度和应用广度都是令人惊奇的。

说明

JS 散度用来表示两个变量之间的差异，取值范围是 0~1。当两个变量差距很远或完全没有重叠时，JS 散度为常数。这种情况会使梯度为 0，即梯度消失。

10.1.4　习题

判断下面内容的正确性，正确的打 √，错误的打×：

- GAN 和强化学习完全没有关系。（　）
- GAN 的内部有两个神经网络结构。（　）
- GAN 的生成器和判别器的结构是一致的，只是参数不同。（　）
- GAN 只能用在图片生成领域。（　）

10.2　GAN 的基本算法

虽然 GAN 的发展只有短短的不到十年，但是随着人工智能技术的快速迭代，每年都不断涌出很多创新性的 GAN 算法。本节将简述几种常见的 GAN 算法。

10.2.1　DCGAN

DCGAN（深度卷积 GAN，deep convolutional GAN）是首次将卷积神经网络和 GAN 结合起来的算法。相比原始的 GAN 算法，DCGAN 算法主要在以下方面做了优化：

- 在生成器和判别器中用卷积层替代池化层。
- 除了输入层，在中间层也添加了 Batch Normalization，来减少随机初始化引入的统计偏差，从而稳定训练。
- 生成器中除了最后一层使用 Tanh 作为激活函数，其余层都使用 ReLU 作为激活函数；判别器中使用 LeakyReLU 作为激活函数。

正如 Luke Metz、Soumith Chintala 等人在 *Unsupervised Representation Learning with Deep Convolutional Generative Adversarial Networks* 论文中提出的，DCGAN 可以视作卷积神经网络和 GAN 结合的里程碑，后续的很多工作都是在这个基础上进行的。用 DCGAN 生成的卧室图片如图 10.6 所示。

图 10.6　用 DCGAN 生成的卧室图片

10.2.2 PG-GAN

PG-GAN（Progressive Growing GAN）是由 NVIDIA 在 ICLR 2018 的 *Progressive Growing of GANs for Improved Quality, Stability, and Variation* 中提出。和深度神经网络的贪婪训练类似，PG-GAN 通过在训练过程中不断增加层数来扩大生成器和判别器模型的容量。PG-GAN 的结构主要有以下特性：

- 开始训练 4×4 图像的生成器和判别器，稳定后增加生成器和判别器的层数，同时增加了图像的分辨率空间，最终图像为1024×1024。
- 最终图像通过1×1的卷积转换为常见的 RGB 图片。
- 在增加分辨率的过程中，通过 Fade-in 阶段来由 0 到 1 平滑增加。

10.2.3 StyleGAN

StyleGAN 是由 NVIDIA 在 *A Style-Based Generator Architecture for Generative Adversarial Network* 论文中提出的。这里的 Style 主要是指人脸中的表情、发型、肤色等特征。StyleGAN 由以下两个网络组成：

- Mapping 网络：将隐藏变量 z 转换成中间变量 w，w 主要用于控制图像的 Style。
- Synthesis 网络：生成图像，并且每一层网络都能控制 Style 的细节。

StyleGAN 给定一张人脸图像，基于 Style 的生成器可以学习它的分布，并在一张新的合成图像上应用其特征。以前的 GAN 不能控制它们想要再生的具体特征，而新的生成器可以控制特定 Style 的效果。StyleGAN 的网络结构和 PG-GAN 的结构一致。StyleGAN 可以生成各种 Style 的人脸，同时还可以生成高清的卧室和汽车图像。

StyleGAN 主要依赖于 NVIDIA 的 CUDA 软件、GPU 计算平台以及 PyTorch 深度学习框架。2020 年 2 月，NVIDIA 发布了 StyleGAN-2，这是对 StyleGAN-1 的改进版本。StyleGAN-2 引入了风格潜在向量的概念，用于动态地调整卷积层的权重，有效解决了 blob 问题。2021 年 10 月，NVIDIA 再次更新了该项技术，发布了 StyleGAN-3，主要解决了“纹理粘连”问题，进一步提高了图像生成的质量和多样性。

10.2.4 BigGAN

BigGAN 是由 DeepMind 于 2019 年在 *Large Scale GAN Training for High Fidelity Natural Image Synthesis* 中提出。该算法将 Batch Size 由传统的 64 提高到了 2048，同时增加了网络参数，使得整体参数达到 16 亿，从而被命名为 BigGAN。BigGAN 的主要特点有：

- 首次采用大规模集群训练。
- 采用先验分布的“截断技巧”，扩大了样本的多样性和细节。
- 利用生成器的正交正则化等技巧促进大规模训练的稳定性。

如图 10.7 所示，用 BigGAN 生成的图像质量分数由原来的 52 分提升到 166 分，具有很高的保真性和纹理性。

图 10.7　用 BigGAN 生成的图片

10.2.5 StackGAN

StackGAN 与传统的 GAN 不同，其主要目的是将输入的语句通过模型输出一张对应的高清图像。StackGAN 在论文 *StackGAN: Text to Photo-Realistic Image Synthesis with Stacked Generative Adversarial Networks*

中提出，主要分为两个步骤：

（1）对输入的语句编码，生成一张 64×64 的图像。

（2）以 64×64 的图像作为第二个生成器的输入，通过 GAN 训练生成 256×256 的大图。

在 ICCV 2017 的 *StackGAN++: Realistic Image Synthesis with Stacked Generative Adversarial Networks* 论文中，对 StackGAN 进行了改进，采用了新的树状结构，并引入了非条件损失函数和颜色正则。由两种 StackGAN 基于描述生成的图像如图 10.8 所示。

图 10.8　由两种 StackGAN 基于描述生成的图像

10.2.6　CycleGAN

CycleGAN 是 GAN 中非常有趣的一种算法，也是本书将要实现的算法。CycleGAN 在论文 *Unpaired Image-to-Image Translation using Cycle-Consistent Adversarial Networks* 中首次被提出。通常图像风格转换或图像翻译需要大量的配对数据，这类数据的准备往往是极其困难且昂贵的。不同于监督学习的 Pix2Pix 算法，CycleGAN 采用的是无监督学习的算法，只需提供不同领域的图像且图像之间不需要有关联性，就能成功地训练出图像风格之间的映射关系。例如，夏天和冬天图像之间的转换，斑马和马图像之间的转换，画像和油画之间的转换等。

CycleGAN 在原有的 GAN 损失函数中增加了风格转换的损失函数 $L_{\text{cyc}}(G, F)$，即 Cycle Consistency Loss：

$$\begin{aligned}&L(G, F, D_X, D_Y)\\&=L_{\text{GAN}}(G, D_Y, X, Y)+L_{\text{GAN}}(F, D_X, Y, X)+\lambda L_{\text{cyc}}(G, F)\end{aligned}$$

其中，$L_{\text{GAN}}(G, D_Y, X, Y)$ 和常规的 GAN 一样，为最大最小化损失函数：

$$P(x \mid y)$$

而 $L_{\text{cyc}}(G, F)$表示风格转换的损失函数。训练过程希望最终转换一遍后，与原来的图像接近，即 $x \rightarrow G(x) \rightarrow F(G(x)) \approx x$，$L_{\text{cyc}}(G, F)$ 可以用 L1 正则来计算：

$$\begin{aligned}&L_{\text{cyc}}(G, F)\\&=E_{x\sim p_{\text{data}}(x)}[\| F(G(x))-x \|_1]+E_{y\sim p_{\text{data}}(y)}[\| F(G(y))-y \|_1]\end{aligned}$$

如图 10.9 所示，CycleGAN 可以在油画和画像，马和斑马，夏天和冬天图像之间转换风格。当然 CycleGAN 能做的远不止这些，10.3 节将通过实战领略其强大之处。

图 10.9　用 CycleGAN 生成的图像风格转换

10.2.7　习题

判断下面内容的正确性，正确的打 √，错误的打×：

- GAN 只能生成低分辨率的图像。（　　）
- 离开了判别器，GAN 中的生成器能独自训练。（　　）
- GAN 只能复制现实世界中的图像，不能创造出现实世界中不存在的事物。（　　）
- GAN 只在图像领域有贡献，无法迁移到其他领域。（　　）

10.3 概率论与 GAN

机器学习本质上是学习规律和模式匹配的过程，而学习规律就始终离不开概率论。同时，强化学习和概率论是密不可分的，而 GAN 可以看作一种特殊的 Actor-Critic 算法，因此 GAN 也离不开概率论。本节将从概率论的角度重新了解 GAN。

GAN 的目的是生成一组以假乱真的数据，即生成一组和真实数据同分布的数据，其核心是找到原始数据的转换函数。但是，直接逆向解析转换函数往往是不切实际的。因此先从一个已知的转换函数开始，假设生成器的分布是一个平均值为 0，方差为 1 的高斯分布。分别从真实的数据空间和生成器的数据空间，通过生成器中神经网络的不断拟合修正，使"假数据"的分布不断接近真实数据。但是生成器自身是无法单独训练的，因此需要额外添加一个"监督者"——判别器，来区分数据是来自真实的数据空间还是生成器的数据空间。通过判别器的反馈，给生成器提示，指导其梯度变化。

从概率论的角度来看，GAN 是两个神经网络在概率中的对抗过程：

- 生成器通过深度神经网络，隐式地模拟真实数据的概率密度函数。
- 判别器的本质是一个分类器，用来区分真实数据和生成数据，即输入数据是真实数据的概率分布，或者输入数据属于真实这一类别的条件概率 $P(x|y)$。

因此，正如其他机器学习算法一样，GAN 是统计学、概率论、计算机科学等学科的综合体，与概率论有着千丝万缕的联系。

10.4 图片风格转换

GAN 不仅可以生成图片、视频、语音等，甚至可以模拟创造出无限接近真实世界的数据。本节将选取其中比较有趣的图片风格转换，带领读者逐步实现 CycleGAN 算法，最后将一张真实的图片转换为其他风格。

10.4.1 环境搭建

环境搭建的前两步的操作与 9.4.1 小节的前两步完全相同，在此不再赘述。请参考 9.4.1 节相关内容。在前两步的基础上，继续以下操作。

1. CUDA 版本确认和升级

由于图像训练需要安装到基于 GPU 的 PyTorch 中，所以需要安装 CUDA。首先确认 CUDA 的版本。在 Windows 中按 Win+R 键，进入运行界面并输入命令 cmd 进入命令行，如图 10.10 所示。

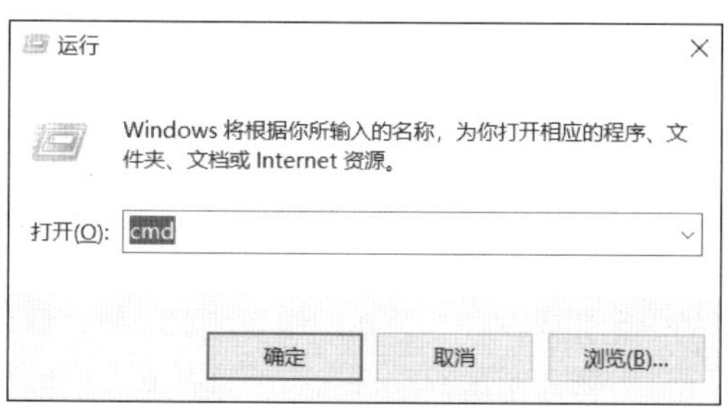

图 10.10　在运行界面输入命令 cmd 进入命令行

在命令行窗口中，执行以下命令，将路径切换到 C:\Program Files\NVIDIA Corporation\NVSMI，然后输入 nvidia-smi 命令：

```
cd C:\Program Files\NVIDIA Corporation\NVSMI
nvidia-smi
```

如图 10.11 所示，当前 CUDA 的版本号为 10.1。由于 CUDA 官网已经不支持版本 11 以下的版本了，所以需要升级 CUDA。

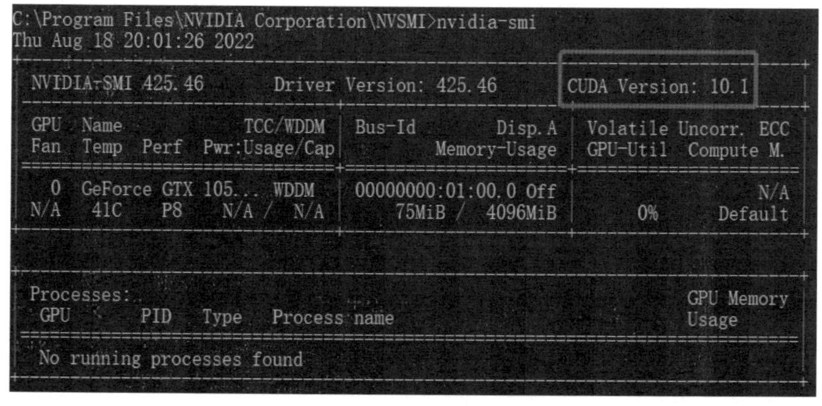

图 10.11　老版本的 CUDA

升级 CUDA 并不需要逐个下载对应的驱动和组件，只需到官网下载 CUDA Toolkit。如图 10.12 所示，进入官网后单击 Download Latest CUDA Toolkit 链接，并选择 Windows 下的 Version11，下载到本地并安装。

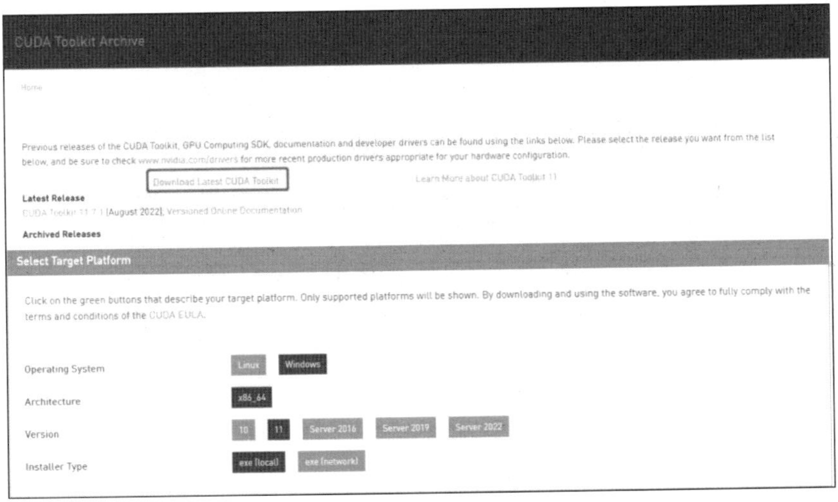

图 10.12　CUDA Toolkit 的下载安装

由于 CUDA Toolkit 中并没有自带专门用于深度神经网络的 CUDA 包，因此需要单独下载。如图 10.13 所示，进入官网下载最新的 CUDNN，解压后复制并粘贴到 CUDA Toolkit 的安装目录中。

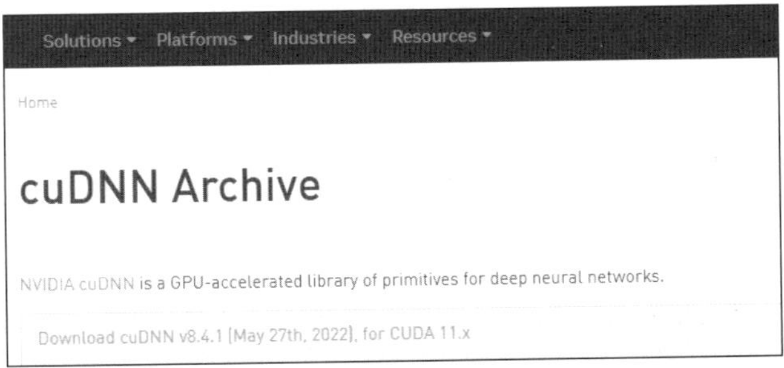

图 10.13　CUDNN 的下载安装

安装完成后，再次将路径切换到 C:\Program Files\NVIDIA Corporation\NVSMI，并输入命令 nvidia-smi 验证当前的 CUDA 版本，如图 10.14 所示，至此 CUDA 升级完成。

```
cd C:\Program Files\NVIDIA Corporation\NVSMI
nvidia-smi
```

说明

若在安装 CUDA Toolkit 时没有手动定义目录，则 CUDA Toolkit 的默认安装目录为 C:\Program Files\NVIDIA GPU Computing Toolkit\CUDA\v11.7。

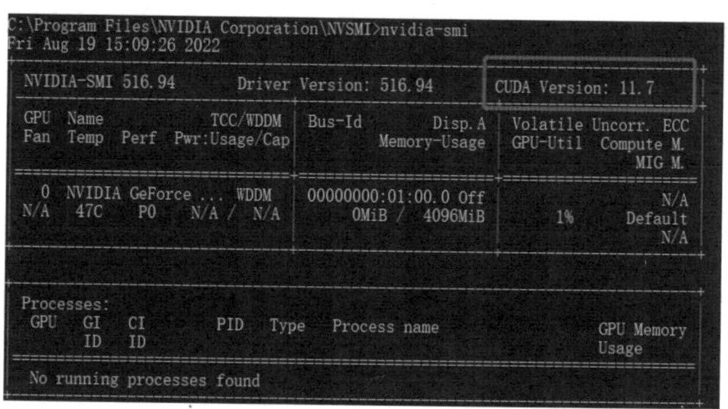

图 10.14　新版本的 CUDA

2. 在 Windows 中安装 PyTorch

访问 PyTorch 的官网，选择对应版本和系统的 PyTorch 版本，如图 10.15 所示。复制官网中的命令到终端执行。

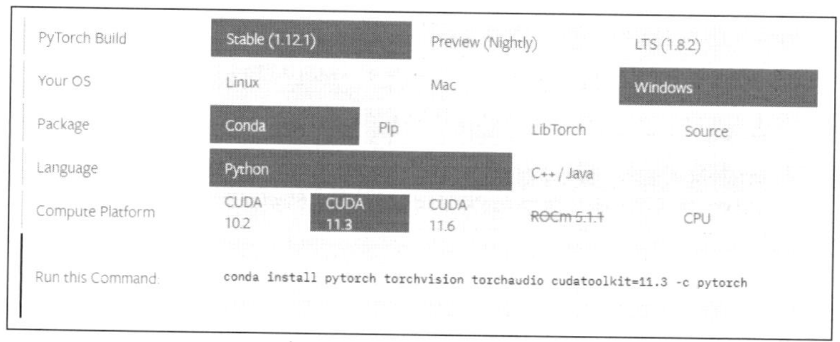

图 10.15　PyTorch 版本选择

若使用 conda 命令安装，则输入以下命令：

```
conda install pytorch torchvision torchaudio cudatoolkit=11.3
-c pytorch
```

若使用 pip 命令安装，则输入以下命令：

```
pip3 install torch torchvision torchaudio --extra-index-url
https://download.pytorch.org/whl/cu113
```

待安装完成后，可以在命令行中输入 python 并通过以下代码验证。

代码 10.1　验证 PyTorch 安装：Evaluate_Pytorch_Setup.py

```
import torch

print(torch.cuda.is_available())
print(torch.cuda.device_count())
```

```
from torch.backends import cudnn
print(cudnn.is_available())
print(cudnn.is_acceptable(torch.rand(1,).cuda()))
```

若输出如下，则表示安装成功了：

```
True
1
True
True
```

10.4.2 架构分析

正如前面所述，CycleGAN 可以用于图片风格转换。CycleGAN 除了本身的 GAN 损失函数 L_{GAN}，还额外添加了关于风格转换的损失函数 L_{cyc}：

$$
\begin{aligned}
&L(G, F, D_X, D_Y) \\
&= L_{\text{GAN}}(G, D_Y, X, Y) + L_{\text{GAN}}(F, D_X, Y, X) + \lambda L_{\text{cyc}}(G, F)
\end{aligned}
$$

假设现在有普通风格的图片 X 和莫奈风格的图片 Y，通过 CycleGAN 训练出以下两个生成器：

- $G_X : X \to Y$，将普通风格的图片转换为莫奈风格的图片；同时训练出另一个生成器。
- $G_Y : Y \to X$，将莫奈风格的图片转换为普通风格的图片。

因此为了训练上面的两个生成器，就需要两个与之对应的判别器 D_X 和 D_Y，通过生成器和判别器的对抗，最终收敛至最优的生成器，实现图片风格转换。CycleGAN 的架构如图 10.16 所示。

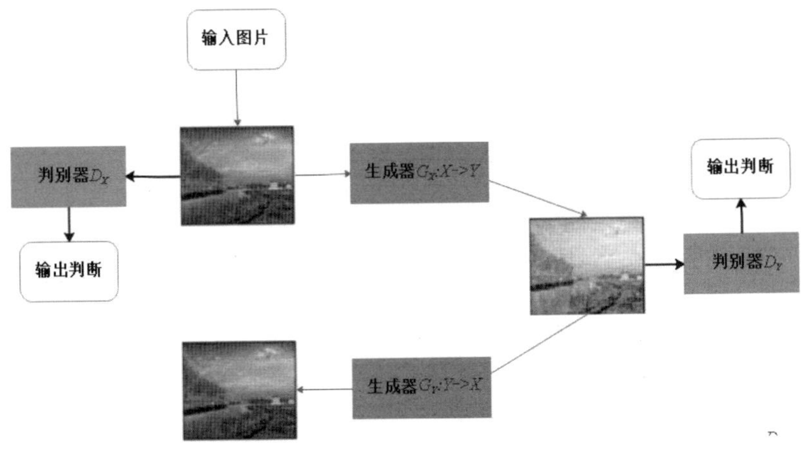

图 10.16 CycleGAN 的架构图

10.4.3 具体实现

前面章节已把环境搭好，本节将在基于 GPU 的 PyTorch 基础上，利用已有的 VGG 网络来实现 CycleGAN 算法。

1. 导入并激活 PyTorch 库

首先将 PyTorch 库导入程序中，并确认安装的是否为 GPU 版本的 Pytorch。若一切顺利，则将数据移到 GPU 上，借助强大的 CUDNN 加速训练。具体的 Python 代码如下。

代码 10.2 导入 PyTorch：Import_Pytorch.py

```
import torch

import os

#为防止库冲突，允许 KMP 复用
os.environ["KMP_DUPLICATE_LIB_OK"]="TRUE"
if torch.cuda.is_available():
    print("GPU 版 Pytorch 准备就绪！\n")
device = torch.device("cuda" if torch.cuda.is_available() else
"cpu")
```

输出结果为：

```
GPU 版 Pytorch 准备就绪！
```

导入 PyTorch 成功后，可以进入下一步操作。

2. 下载 VGG 网络

在深度神经网络的实验中，为了快速验证实验的可行性，人们往往会先利用已有的经典环境来做微调参数（fine-tune），然后再根据需求决定是否需要定制化网络结构。鉴于图片风格转换本身比较简单，而 PyTorch 又集成了很多非常优秀的深度卷积神经网络，因此可以直接从 PyTorch 库中下载已经训练好的 VGG 网络，并将其结构打印出来。具体的 Python 代码如下。

代码 10.3 下载 VGG 网络：Download_VGG.py

```
import torch

#下载 VGG 网络
```

```
vgg = models.vgg19(pretrained=True).features

#查看网络结构
print(vgg)
for i in vgg.parameters():
#禁止模型的参数被反向传播更新
    i.requires_grad_(False)
#查看 VGG 各层的参数
for name, layer in vgg._modules.items():
    print(name, layer)

#将 VGG 数据移到 GPU 上
vgg.to(device)
```

输出结果为:

```
Sequential(
  (0): Conv2d(3, 64, kernel_size=(3, 3), stride=(1, 1),
padding=(1, 1))
  (1): ReLU(inplace=True)
  (2): Conv2d(64, 64, kernel_size=(3, 3), stride=(1, 1),
padding=(1, 1))
  (3): ReLU(inplace=True)
  (4): MaxPool2d(kernel_size=2, stride=2, padding=0,
dilation=1, ceil_mode=False)
  (5): Conv2d(64, 128, kernel_size=(3, 3), stride=(1, 1),
padding=(1, 1))
  (6): ReLU(inplace=True)
  (7): Conv2d(128, 128, kernel_size=(3, 3), stride=(1, 1),
padding=(1, 1))
  (8): ReLU(inplace=True)
  (9): MaxPool2d(kernel_size=2, stride=2, padding=0,
dilation=1, ceil_mode=False)
  (10): Conv2d(128, 256, kernel_size=(3, 3), stride=(1, 1),
padding=(1, 1))
  (11): ReLU(inplace=True)
  (12): Conv2d(256, 256, kernel_size=(3, 3), stride=(1, 1),
padding=(1, 1))
  (13): ReLU(inplace=True)
  (14): Conv2d(256, 256, kernel_size=(3, 3), stride=(1, 1),
padding=(1, 1))
  (15): ReLU(inplace=True)
  (16): Conv2d(256, 256, kernel_size=(3, 3), stride=(1, 1),
padding=(1, 1))
```

```
  (17): ReLU(inplace=True)
  (18):   MaxPool2d(kernel_size=2,   stride=2,   padding=0,
dilation=1, ceil_mode=False)
  (19): Conv2d(256, 512, kernel_size=(3, 3), stride=(1, 1),
padding=(1, 1))
  (20): ReLU(inplace=True)
  (21): Conv2d(512, 512, kernel_size=(3, 3), stride=(1, 1),
padding=(1, 1))
  (22): ReLU(inplace=True)
  (23): Conv2d(512, 512, kernel_size=(3, 3), stride=(1, 1),
padding=(1, 1))
  (24): ReLU(inplace=True)
  (25): Conv2d(512, 512, kernel_size=(3, 3), stride=(1, 1),
padding=(1, 1))
  (26): ReLU(inplace=True)
  (27):   MaxPool2d(kernel_size=2,   stride=2,   padding=0,
dilation=1, ceil_mode=False)
  (28): Conv2d(512, 512, kernel_size=(3, 3), stride=(1, 1),
padding=(1, 1))
  (29): ReLU(inplace=True)
  (30): Conv2d(512, 512, kernel_size=(3, 3), stride=(1, 1),
padding=(1, 1))
  (31): ReLU(inplace=True)
  (32): Conv2d(512, 512, kernel_size=(3, 3), stride=(1, 1),
padding=(1, 1))
  (33): ReLU(inplace=True)
  (34): Conv2d(512, 512, kernel_size=(3, 3), stride=(1, 1),
padding=(1, 1))
  (35): ReLU(inplace=True)
  (36):   MaxPool2d(kernel_size=2,   stride=2,   padding=0,
dilation=1, ceil_mode=False)
)
```

从程序输出结果中可以看出，VGG 整体结构包含了 2D 卷积层、最大池化层和 ReLU 激活层。

3. 导入原始图片和风格图片

下面需要准备数据，将原始图片和风格图片加载到程序中。需要特别注意的是，为了和 VGG 的输入层网络结构一致，需要在原始图片数据上增加一维数据，并且将原始图片和风格图片的大小维数保持一致。具体的 Python 代码如下。

代码 10.4　导入图片：Import_Images.py

```
import torch
from torchvision import transforms
from PIL import Image
#加载图片
def load_image(img_path, max_size=1024, shape=None):
    #读入图片并将其转换为 RGB 三通道
    image = Image.open(img_path).convert('RGB')
    #压缩图片
    if max(image.size) > max_size:
        size = max_size
    else:
        size = max(image.size)
    if shape is not None:
        size = shape
    in_transform = transforms.Compose([
        transforms.Resize(size),
        transforms.ToTensor(),
        #图像正则
        transforms.Normalize((0.485, 0.456, 0.406),
                             (0.229, 0.224, 0.225))])
    #为了与 VGG 一致，给图片增加一个维度
    image = in_transform(image)[:3, :, :].unsqueeze(0)
    return image
#读入原始图片，并转移到 GPU 中
content = load_image('./data/content.jpg').to(device)
#读入风格图片并将其 shape 更改为与原始图片相同，然后转移到 GPU 中
style = load_image('./data/style.jpg', shape=content.shape
[-2:]).to(device)
#输出原始图片的大小和维度
print(f'原始图片的大小和维度为 {style.cpu().numpy().squeeze().
shape}')
#输出风格图的大小和维度
print(f'风格图片的大小和维度为 {content.cpu().numpy().squeeze().
shape}')
```

输出结果为：

```
原始图片的大小和维度为 (3, 400, 533)
风格图片的大小和维度为 (3, 400, 533)
```

其中输入的原始图片和风格图片如图 10.17 所示。

图 10.17　输入的原始图片和风格图片

4. 使用生成器和判别器提取特征

接下来，可以从 VGG 中选取几个中间层，生成器和判别器分别对原始图片和风格图片提出需要的特征，以备计算损失函数。具体的 Python 代码如下。

代码 10.5　提取特征：Extract_Features.py

```
import torch
#获取特定卷积层的特征
def get_features(image, model, layers=None):
    if layers is None:
        layers = {'0': 'conv1_1',
                  '5': 'conv2_1',
                  '10': 'conv3_1',
                  '15': 'conv4_1',
                  '20': 'conv4_2',
                  '25': 'conv5_1'}

    features = {}
    x = image
    #对 model 处理
    for name, layer in model._modules.items():
        #获取对应层的数值
```

```
        x = layer(x)
        #图像经过该层后对应的 feature
        if name in layers: #相当于查询 layers 索引值的数组，即 0、5、
                                10、19、21、28
            features[layers[name]] = x
    return features
content_features = get_features(content, vgg)
style_features = get_features(style, vgg)

for layer in style_features:
    print(layer)

#生成 gram 矩阵
def gram(tensor):
    #tensor 的四位：batch、长、宽、高
    _, d, h, w = tensor.size()
    #将 tensor 拉平
    tensor = tensor.view(d, h * w)
    gram = torch.mm(tensor, tensor.t())
    return gram

style_grams = {layer: gram(style_features[layer]) for layer in
style_features}
#利用 GPU 加速训练
target = content.clone().requires_grad_(True).to(device)
```

输出结果为：

```
conv1_1
conv2_1
conv3_1
conv4_1
conv4_2
conv5_1
```

5. 完整的训练过程

在图片风格转换时，总损失函数由内容损失函数和风格损失函数组成，并且可以通过参数 λ 自定义风格损失函数的比例。通常在 PyTorch 中计算风格损失函数的方式是通过拉平图像，将内容和风格信息合并计算。CycleGAN 的完整 Python 代码如下。

代码 10.6　CycleGAN 训练代码：CycleGAN.py

```
import torch
from PIL import Image
```

```
import matplotlib.pyplot as plt
import numpy as np
import torch.optim as optim
from torchvision import transforms, models

#风格和内容的权重
CONTENT_WEIGHT = 1
STYLE_WEIGHT = 10e10
#每 500 次输出一张图
CNT = 500

#风格损失函数，比重可自定义，更改不同层的比重会得到不同的结果
STYLE_WEIGHTs = {'conv1_1': 1.,
                 'conv2_1': 0.5,
                 'conv3_1': 0.25,
                 'conv4_1': 0.25,
                 'conv5_1': 0.25}

def im_convert(tensor):
   #将 tensor 类型的数据转换成 Image，用于显示图像
   image = tensor.detach()
   image = image.cpu().numpy().squeeze()
   image = image.transpose(1, 2, 0)
   image = image * np.array((0.229, 0.224, 0.225)) + np.array
((0.485, 0.456, 0.406))
   image = image.clip(0, 1)
   return image
#优化器
optimizer = optim.Adam([target], lr=0.003)
#迭代次数
for i in range(1, 10001):
   #获取生成图的特征
   target_features = get_features(target, vgg)
   #内容损失函数
   content_loss = torch.mean((target_features['conv4_2'] -
content_features['conv4_2']) ** 2)
   #风格损失函数
   style_loss = 0

   #比较每层 gram 矩阵的损失，并增添到 styleloss 中
   for layer in STYLE_WEIGHTs:
      #获取某层的合成画特征
      target_feature = target_features[layer]
```

```
        #该层 gram 矩阵
        target_gram = gram(target_feature)
        _, d, h, w = target_feature.shape
        style_gram = style_grams[layer]
        #风格损失函数
        layer_style_loss = STYLE_WEIGHTs[layer] * torch.mean
((target_gram - style_gram) ** 2)
        style_loss += layer_style_loss / (d * h * w)
    #总损失函数
    total_loss = CONTENT_WEIGHT * content_loss + STYLE_WEIGHT
* style_loss

    #模型训练
    optimizer.zero_grad()
    total_loss.backward()
    optimizer.step()
    #每 500 次输出一张图并保存
    if i % CNT == 0:
        print('Total loss: ', total_loss.item())
        plt.imshow(im_convert(target))
        plt.savefig('第'+str(i//CNT)+'张图片.jpg')
```

如图 10.18 所示，随着训练的深入，可以看到图片风格从原始的真实世界，逐渐向梵高的星空风格转换。

图 10.18　原始图片风格转换的过程

10.4.4　习题

设计一个算法，将现实世界中的人脸图像转换为卡通风格的头像。

10.5 温故而知新

学完本章后，读者需要回答以下问题：

- 什么是 GAN？
- GAN 主要由哪两个结构组成？
- 原始的 GAN 有哪些缺陷？
- GAN 的优化方向主要有哪些？
- CycleGAN 的原理是什么？
- 为什么只有两张图片就能通过 GAN 转换图片风格？